W0261615

Sitzungsberichte der Heidelberger Akademie der Wissenschaften
Mathematisch-naturwissenschaftliche Klasse

Die Jahrgänge bis 1921 einschließlich erschienen im Verlag von Carl Winter, Universitätsbuchhandlung in Heidelberg, die Jahrgänge 1922–1933 im Verlag Walter de Gruyter & Co. in Berlin, die Jahrgänge 1934–1944 bei der Weißschen Universitätsbuchhandlung in Heidelberg. 1945, 1946 und 1947 sind keine Sitzungsberichte erschienen.
Ab Jahrgang 1948 erscheinen die „Sitzungsberichte" im Springer-Verlag.

Inhalt des Jahrgangs 1969/70:

1. N. Creutzburg und J. Papastamatiou. Die Ethia-Serie des südlichen Mittelkreta und ihre Ophiolithvorkommen. Antiquarisch. Preis auf Anfrage.
2. E. Jammers, M. Bielitz, I. Bender und W. Ebenhöh. Das Heidelberger Programm für die elektronische Datenverarbeitung in der musikwissenschaftlichen Byzantinistik. Antiquarisch. Preis auf Anfrage.
3. M. Knebusch. Grothendieck- und Wittringe von nichtausgearteten symmetrischen Bilinearformen. (vergriffen).
4. W. Rauh und K. Dittmar. Weitere Untersuchungen an Didiereaceen. 3. Teil. Antiquarisch. Preis auf Anfrage.
5. P. J. Beger. Über „Gurkörperchen" der menschlichen Lunge. Antiquarisch. Preis auf Anfrage.

Inhalt des Jahrgangs 1971:

1. E. Letterer. Morphologische Äquivalentbilder immunologischer Vorgänge im Organismus. (vergriffen).
2. J. Herzog und E. Kunz. Die Wertehalbgruppe eines lokalen Rings der Dimension 1. (vergriffen).
3. W. Maier. Aus dem Gebiet der Funktionalgleichungen. Antiquarisch. Preis auf Anfrage.
4. H. Hepp und H. Jensen. Klassische Feldtheorie der polarisierten Kathodenstrahlung und ihre Quantelung. Antiquarisch. Preis auf Anfrage.
5. H. Koppe und H. Jensen. Das Prinzip von d'Alembert in der Klassischen Mechanik und in der Quantentheorie. (vergriffen).
6. W. Doerr. Wandlungen der Krankheitsforschung. (vergriffen).
7. K. Hoppe. Über die spektrale Zerlegung der algebraischen Formen auf der Graßmann-Mannigfaltigkeit. Antiquarisch. Preis auf Anfrage.

Inhalt des Jahrgangs 1972:

1. W. H. H. Petersson. Über Thetareihen zu großen Untergruppen der rationalen Modulgruppe. (vergriffen).
2. W. Doerr. Pathologie der Coronargefäße. Anthropologische Aspekte. (vergriffen).
3. H. Bippes. Experimentelle Untersuchung des laminar-turbulenten Umschlags an einer parallel angeströmten konkaven Wand. Antiquarisch. Preis auf Anfrage.
4. K. Goerttler. Stimme und Sprache. Antiquarisch. Preis auf Anfrage.
5. B. L. van der Waerden. Die „Ägypter" und die „Chaldäer". (vergriffen).

Inhalt des Jahrgangs 1973:

1. V. Becker. Form, Gestalt und Plastizität. (vergriffen).
2. H. Neunhöffer. Über die analytische Fortsetzung von Poincaréreihen. (vergriffen).
3. F. W. Rieben. Zur Orthologie und Pathologie der Arteria vertebralis. Antiquarisch. Preis auf Anfrage.
4. W. Doerr. Über die Bedeutung der pathologischen Anatomie für die Gastroenterologie. (vergriffen).

V. H. Bauer. Das Antonius-Feuer in Kunst und Medizin. Supplement zum Jahrgang 1973. DM 68,–.

Sitzungsberichte der Heidelberger Akademie der Wissenschaften
Mathematisch-naturwissenschaftliche Klasse
Jahrgang 1983, 3. Abhandlung

Hans Schaefer

Über die Wirkung elektrischer Felder auf den Menschen

Vorgetragen in der Sitzung vom 26. Juni 1982

Springer-Verlag
Berlin Heidelberg New York Tokyo
1983

Professor Dr. med., Dr. h.c. Hans Schaefer
Waldgrenzweg 15-2
6900 Heidelberg-Ziegelhausen

ISBN 978-3-540-12655-3 ISBN 978-3-642-51587-3 (eBook)
DOI 10.1007/978-3-642-51587-3

Satz: K + V Fotosatz GmbH, Beerfelden

2125/3140-543210

Inhaltsverzeichnis

1 Einleitung

1.1 Entstehung des Problems

Die rasch fortschreitende Technisierung aller Bezirke unseres Lebens läßt den Verbrauch an elektrischer Energie rasch steigen. Die Erzeugung (und entsprechend der Verbrauch, der mit der Erzeugung, bei Fehlen aller Möglichkeiten nennenswerter Energiespeicherung identisch ist) von elektrischer Energie steigt in einer logarithmischen Progression fast geradlinig von 1920 bis 1980 an und hat sich in der Bundesrepublik in diesen 60 Jahren rund auf das 20fache, oder um rund 7% pro Jahr, gesteigert, was einer Verdoppelungszeit von etwa 10 Jahren entspricht. Eine solche Situation macht es verständlich, daß insbesondere das Problem der Energieübertragung dringend wird. Energie ist im elektrotechnischen Maßsystem bekanntlich

$$W = I \cdot U = I^2 \cdot R,$$

und das bedeutet, daß die energieübermittelnde Stromstärke bei linearer Energiezunahme quadratisch anwächst. Hat also die Energie-Übermittlung vom Erzeuger zum Verbraucher auf das 20fache zugenommen, so würde das eine durchschnittliche Steigerung der übermittelnden Stromstärken auf das 400fache bedeuten, wenn die treibende Spannung dieselbe bliebe. Das hinwiederum bedeutet enorm steigende Leitungsquerschnitte, um die Verlustspannung erträglich zu halten, die proportional $I \cdot R$ ist, also in unserem Beispiel auf das 400fache anwachsen müßte, wenn man R, also den Querschnitt der Leitung, nicht entsprechend vergrößern würde.

Diese mit steigender Energieentnahme unvermeidlichen Verluste machen die Übertragung großer Energiemengen über weite Entfernungen nur dann wirtschaftlich, wenn man möglichst hohe Übertragungsspannungen benutzt. Noch werden in Deutschland nur Spannungen bis 380 kV verwandt. Für die geplanten großen internationalen Netze sind aber Werte bis 1500 kV schon in der Diskussion.

Sollten solche Spannungen durch die hohen, unter ihnen herrschenden Feldstärken von bis zu 20 kV/m auf Lebewesen, insbesondere Menschen, schädigen-

---

Aus dem Institut zur Erforschung elektrischer Unfälle der Berufsgenossenschaft der Feinmechanik und Elektrotechnik, Köln, und dem I. Physiologischen Institut der Universität Heidelberg

de Wirkungen ausüben, so wäre z. B. die Berufsgenossenschaft der Feinmechanik und Elektrotechnik gezwungen, im Zuge ihres gesetzlichen Auftrags der Unfallverhütung Grenzwerte solcher Feldstärken festzulegen.

Nun ist von einer Gefährdung von Lebewesen durch elektrische Spannungen unter Freileitungen merkwürdigerweise nie die Rede gewesen, obgleich eine solche Gefährdung auch bei den heute schon üblichen Freileitungs-Spannungen von 380 kV durchaus denkbar wäre. Der Techniker wußte zwar, daß Überschläge von Lichtbogen ausgeschlossen sind. Doch war offenbar das völlige Fehlen aller Reizwirkungen auf den menschlichen Körper durch die derzeit betriebenen Hochspannungsleitungen ein hinreichender Grund, die Unschädlichkeit solcher Felder vorauszusetzen. Obgleich man aus der Biologie der strahlenden Energie, insbesondere der Röntgenstrahlen, hätte schließen können, daß Unmerklichkeit eines physikalischen Vorgangs seine Schädlichkeit keineswegs ausschließt, ist ein analoger Gedankengang hinsichtlich der Feldwirkung über viele Jahrzehnte hinweg nirgendwo in der Welt vollzogen worden. Zwar kann man, wie wir sehen werden, eine solche Schädigung heute mit erheblicher Sicherheit ausschließen und die Unmöglichkeit solcher Schäden auch durch biophysikalische Rechnungen begründen. Es muß aber festgestellt werden, daß solche Rechnungen oder gar Messungen, welche die Unschädlichkeit darlegen, lange Zeit nicht durchgeführt wurden. Wir haben wiederum einen Fall vor uns, wo das menschliche Sicherheitsbedürfnis, das doch (wie man an der Atomdiskussion sieht) enorm hoch ist, sich mit der Tatsache zufriedengibt, daß man eine Wirkung mit den Sinnen nicht wahrnehmen kann.

Diese Sicherheitsphilosophie (denn um nichts anderes handelt es sich) ist zwar durch die vortechnische Erfahrungswelt des Menschengeschlechts wohl begründet. In seiner Entwicklungsgeschichte von rund 3 Millionen Jahren hat der Mensch gegen alle Gefahren Warnsysteme, eben seine Sinnesorgane, entwickelt. Sein Denkvermögen sollte ihm aber sagen, daß eine solche Leistung der Evolution sich keinesfalls auf technische Neuerungen erstreckt. In der Tat erwacht denn auch derzeit ein lebhaftes Bewußtsein der Problematik in der Weise, daß schädliche Einflüsse vermutet und mit angeblich verläßlichen Methoden auch nachgewiesen werden.

1.2 Vergleich von Verschiebungsströmen und elektrischen Schwellenwerten

Die Erfahrungen, welche man bislang mit elektrischen Feldern gemacht hat, bestätigen sich zunächst durch einfache Überschlagsrechnungen und Messungen der folgenden Art. Die elektrischen Felder, welche unter bestehenden Freileitungen gemessen wurden, weisen Feldstärken auf, welche bis zu 6 kV/m ansteigen können, in der tatsächlichen Höhe freilich neben der Spannung in der Leitung von der Höhe der Masten und vom Ort der Messung unter der Freileitung, insbesondere vom seitlichen Abstand zur Leitung, bestimmt sind. Die zahlreichen und sorgfältigen Rechnungen hierzu bleiben in unserem Zusammenhang außer Betracht (vgl. ANONYMUS 1978; BARTHOLD u. a. 1973; CIGRE 1980; CSIKOS 1974; DEUSE u. a. 1976; DUMANSKIJ u.a. 1976; LOEVSTRAND 1976; MIHAILEANU u. a. 1976; PHILLIPS u. a. 1979; RISH u. a. 1979; SCHNEIDER u. a. 1974; SILNY 1976; SPIEGEL 1976; UTMISCHI 1976).

Alle Messungen führen in guter Übereinstimmung zu dem Ergebnis, daß man unter heute schon in Deutschland vorhandenen Freileitungen höchstens Feldstärken von 6 kV/m erwarten kann, daß aber bei späteren Installationen sehr viel höher gespannter Leitungen eine Bodenfeldstärke bis zu 20 kV/m durchaus möglich ist.

Nun werden diese elektrischen Felder durch alle leitenden Gegenstände mit Bodenkontakt erheblich gestört. Ein freistehender Mensch z. B. verzerrt das luftelektrische Feld dadurch, daß die Luft ein sehr schlechter, der Körper ein relativ guter Leiter ist. Die Isopotentiallinien drängen sich dann an der Körperoberfläche, insbesondere am Kopf, zusammen, wie unten (Kap. 4.1) ausgeführt wird. Da die Feldstärke stark von der räumlichen Konfiguration des im Feld befindlichen Versuchsobjektes abhängt, wird in der Regel als Maß der einwirkenden Feldstärke die „ungestörte" Bodenfeldstärke angegeben. Die in den Tabellen 1 – 10 verzeichneten Feldstärken sind „ungestörte" Feldstärken, die sich je nach Objekt um einen nicht unbeträchtlichen Faktor erhöhen, der wiederum von der Leitfähigkeit des ins Feld hineinragenden Körpers abhängt (vgl. Kap. 4.2).

Man kann, teils an Modellen (SCHNEIDER u. a. 1974; KÜHNE 1979, 1980), teils unmittelbar am Tierkörper (SILNY 1976) die in dem lebenden Körper entstehenden Feldstärken in Prozent der äußeren Feldstärke, doch auch an Modellen unmittelbar die Verschiebungsströme messen, welche von diesem Restfeld im Körperinnern betrieben werden. Solche Messungen sind mehrfach gemacht worden (vgl. Kap. 4.2). Sie besagen, daß insgesamt durch den menschlichen Körper ein Verschiebungsstrom fließt, der rund 14 μA/kV/m beträgt, und zwar bezogen auf die ungestörte Bodenfeldstärke (SCHNEIDER u. a. 1974). Die Verschiebungsstromdichte beträgt nach Schneider $4{,}8 \cdot 10^{-9}$ A/cm^2/kV/m.

Wir kennen nun sehr genau die Toleranzgrenzen des ganzen menschlichen Organismus für einen ihn durchsetzenden Strom. Die meisten Sicherheitsbestimmungen gehen bei lange Zeit fließenden Strömen von 40 mA als oberster, noch ungefährlicher Grenze aus. Die Schwelle der Wahrnehmbarkeit liegt freilich schon bei 1 mA, die einer einsetzenden Muskelerregung bei nur wenig höheren Werten.

Wir werden derartige Rechnungen später sehr viel genauer durchführen (Kap. 7.3.4). Es kann aber hier schon einleitend gesagt werden, daß die Verschiebungsströme bei den derzeit üblichen Feldstärken unter Freileitungen von 6 kV/m und demnach rund 100 μA integralem Verschiebungsstrom immerhin 10% der zur Erregung empfindlicher Hautsinne erforderlichen Stärke, freilich weniger als 0,25% der herzgefährdenden Schwellen, erreichen.

1.3 Gibt es andere Wirkungsquellen als Verschiebungsströme?

Wenn Verschiebungsströme nicht stark genug sind, um nervöse oder muskuläre Elemente des Organismus zu erregen, entsteht die Frage, ob es andere Formen elektrischer Einwirkungen auf den Organismus gibt. Nun werden wir gleich einige Behauptungen kennenlernen, welche darin bestehen, daß Menschen, welche lange Zeit in hochgespannten elektrischen Feldern gearbeitet haben, eine Reihe subjektiver Störungen zeigen. Es könnte also der Fall vorliegen, daß zwar die üblichen, elektrophysiologisch bestimmten Schwellen von Nerven, Muskeln und Sinnesorganen noch nicht von den Verschiebungsströmen erreicht werden, daß aber die fraglos fließenden Ströme dennoch irgendeine Wirkung entfalten, für die wir derzeit noch kein Modell besitzen. Es könnte auch sein, daß in der Haut, in der, ihres hohen spezifischen Widerstands wegen, besonders starke Spannungsgradienten entstehen mögen, besondere Verhältnisse vorliegen, welche mit noch unbekannten chemischen Reaktionen dann allgemeine Wirkungen auslösen. Ein Wirkungsmechanismus, der sicher vorliegt, besteht in der Entladung von Ladungsträgern, z. B. größeren Metallmassen, welche sich im Feld befinden und über deren Kapazität dann, bei ihrer Berührung, Ströme durch den Körper der berührenden Person zur Erde abfließen. Wir werden diesen Punkt später gesondert besprechen. Er stellt tatsächlich eine gewisse Gefahrenquelle dar, und es wird von Todesfällen durch derartige kapazitive Ströme berichtet. Aber sie setzen, wie gesagt, die Berührung eines Gegenstandes relativ hoher Kapazität gegen Erde voraus, und sie sind deshalb keineswegs geeignet, besondere Gefahren der Felder als solcher zu begründen oder die Störungen des Befindens, von denen berichtet wurde, zu erklären (vgl. Kap. 6.4).

Ein Mechanismus, der freilich eine große Rolle spielen kann und leicht erklärbar ist, ist die elektrostatische Aufladung der Körperoberfläche an solchen Strukturen, die eine sehr geringe spezifische Leitfähigkeit besitzen. Das sind bei Säugetieren insbesondere die Haare. Diese Vibrationen kann man im Selbstversuch sehr deutlich spüren, deutet sie als eine Art Windbewegung auf der Haut oder, falls man sich z. B. in einem Feld von 20 kV/m aus dem Sitzen erhebt, als ein seltsames Kribbeln der Kopfhaut, so als tauche man mit dem Kopf in einen großen Wattebausch ein. Auch spürt man an der stark verhornten Haut der Fingerkuppen leicht eine Vibration, welche ebenfalls solchen Ladungen und den damit verbundenen minimalen mechanischen Verschiebungen innerhalb der Haut ihre Entstehung verdanken. Tiere mit dichtem Haarkleid oder gar mit langen Tasthaaren im Gesicht, welche zur Orientierung im Raum dienen, werden durch solche Vibrationen offenbar und verständlicherweise beunruhigt (hierzu Kap. 4.3).

Diese Wirkungen entstammen also nicht der Energie von Verschiebungsströmen, sondern sind das Resultat statischer Aufladungen an isolierenden Oberflächen-Strukturen. Arthropoden, deren Chitinpanzer für solche Effekte besonders günstige Voraussetzungen liefert, nehmen verständlicherweise elektrische Felder besonders leicht wahr und reagieren auf sie (Warnke 1977). Überall, wo über solche Beeinflussungen cutaner Receptoren Effekte ausgelöst werden, treten sekundäre reflektorische Wirkungen auch an anderen Organen auf, an Muskeln, zentralnervösen Strukturen und ihren tonischen und reflektorischen Innervationen, oder an vegetativen Organen (Herz, Atmung), soweit sie durch Sinnesreize auch sonst zu Funktionsänderungen veranlaßt werden. Wenn die Schwellen für solche Ladungseffekte mit mechanischer Wirkung bekannt sind, ließen sich andere Feldwirkungen mühelos als solche Vibrationsfolgen erklären. Tatsächlich wird aber aus solchen Tatsachen auf das Vorhandensein eines „Elektrostresses" (KÖNIG 1975) geschlossen. Da Streß nach allgemeiner und nicht unbegründeter Ansicht krankmachende Wirkungen hat, rückt diese Behauptung unser Problem sofort in den Bereich medizinischer Prophylaxe.

Es bleibt dennoch die Frage, ob es nicht weitere, noch ganz unerklärliche Effekte auf Zellen oder lebenswichtige Funktionen gibt, welche über die Störung des Befindens hinaus eine Gefahr für die Gesundheit oder gar das Leben signalisieren. Aus einigen subjektiven Störungen, die angeblich durch Felder ausgelöst wurden, ist in der Tat auf solche unerklärlichen, aber dennoch gefahrbringenden Effekte geschlossen worden. Solche Effekte sind aber schon als Phänomene strittig und keineswegs allgemein anerkannt, geschweige denn, daß wir eine Theorie ihrer Wirkung besäßen (Kap. 2.1 und 6.2.2.1).

1.4 Formulierung des Problems

Die Effekte, welche von elektrischen Feldern ausgehen, sind also z.T., soweit sie Ladungswirkungen an schlecht leitenden Oberflächen betreffen, erklärbar. Die Brisanz der Diskussion entsteht aber dadurch, daß es einige wenige Wissenschaftler gibt, welche sich berechtigt fühlen, aus ihren Beobachtungen zu schließen, daß Gesundheitsschäden, wenn auch nicht bewiesen, so doch möglich sind. Diese Behauptungen werden aber von der Mehrzahl der Experimentatoren nicht geteilt.

Das Problem nimmt also folgende Form an:

- Es wird, angeblich aufgrund experimenteller Ergebnisse, behauptet, hochgespannte elektrische Felder veränderten wichtige biologische Funktionen.
- Niemand freilich wagt derzeit zu sagen, daß erhebliche Gesundheitsschäden solcher Felder nachgewiesen sind. Dies wird nur von magnetischen Feldern behauptet. Der Nachweis von Schäden wäre aber zu fordern, wollte man gesetzliche Beschränkungen technisch produzierter Feldstärken begründen.
- Es kann aber die Behauptung derzeit ohne allzu schwerwiegende Folgen für die Reputation des Aussagenden verbreitet, insbesondere in wissenschaftlich sich gebenden Journalen gedruckt werden, daß die angeblich nachgewiesenen Wirkungen elektrischer und magnetischer Felder nur die Indikatoren weiterer, noch unbekannter, aber möglicherweise schädlicher Wirkungen sind.
- Es ließe sich, gewänne diese Ansicht an Boden, leicht die Forderung erheben und womöglich sogar, im Zuge einer „grünen" Revolution, politisch durchset-

zen, alle Überlandleitungen von einer Grenzspannung ab unterirdisch zu verkabeln.

- Die Kosten eines solchen Unternehmens müßten sich, da die Verkabelung 10 bis 16mal teurer ist als die Errichtung von Luftleitungen (Rish und Morgan), zu erheblichen Beträgen summieren. Selbst wenn man nur Leitungen von 380 kV und mehr verkabeln wollte, würde das für 7400 km der derzeitigen (1979) Länge von 380 kV-Leitungen (Brinkmann 1980) ein Objekt von etwa 150 Milliarden sein. Eine solche Investition könnte nicht ohne erhebliche Wirkung auf die Strompreise bleiben.
- Forderungen nach Verkabelung, die so enorm kostspielig sind, werden auf Grund von Beobachtungen erhoben, welche keineswegs Gesundheitsgefahren wahrscheinlich machen, so daß man sich also zunächst aufgefordert sieht, nach Tatsachen zu fahnden, welche die von vornherein postulierte Möglichkeit einer Schädigung durch elektrische Felder beweisen sollen. Während also die Forschung in der Regel von unbestrittenen Phänomenen ausgeht und diese zu erklären versucht, geht man hier von einer unbewiesenen Hypothese aus, zu der die sie begründenden Tatsachen erst beschafft werden müssen. Es ist aber sehr wahrscheinlich, daß es solche Tatsachen gar nicht gibt.

Damit gewinnt das Problem zwei besondere Aspekte: Es ist erstens die Unschädlichkeit der Felder mit analogen Verfahren zu prüfen, mit denen die Unschädlichkeit anderer technischer Verfahren seit langem geprüft wird. Für bestimmte Bereiche bestehen sogar offizielle Richtlinien, nach denen zu verfahren ist (WHO 1976).

Der zweite Aspekt ist dann der einer Prüfung der schon vorliegenden Forschungsergebnisse in doppelter Hinsicht: a) ob sich die bisherigen positiven Befunde, welche Wirkungen elektrischer Felder darzulegen scheinen, bestätigen; b) ob die wissenschaftliche Qualität dieser Forschungen sich als hinreichend gut erweist, um eventuelle Widersprüche zwischen Forschungsergebnissen (Befunde gegen Befundlosigkeit) ernst zu nehmen und weiter zu klären, oder ob man sich entschließen kann, die Widersprüche durch Disqualifizierung einiger der Befundergebnisse zu beseitigen.

Wie kontrovers die Situation beurteilt wird, mag man aus den Übersichten entnehmen, welche in Buchform veröffentlicht wurden. Young und Young (1974) und Young (1973) treten mit starken Worten für die Existenz möglicher Gefahren ein und sagen z. B., daß angesichts der Literaturbefunde die Vermutung nahegelegt wird, „daß ein langfristiger Schaden aus dem Einfluß starker elektrischer Felder entsteht“. König u. a. (1981) sprechen von elektrischen Feldern als „Stressoren“, wogegen Sheppard und Eisenbud (1977) feststellen: „There is no evidence that the public health or ecological systems have been jeopardized in the slightest way by artificial electromagnetic fields.“ Unsere eigene Meinung wird sich eng an die von Sheppard und Eisenbud anschließen.

Beide Prüfungen werden danach zu fragen haben, aufgrund welcher Modellvorstellungen sich Einwirkungen elektrischer oder magnetischer Felder auf den

Organismus erklären ließen, und ob die eventuell beobachteten Wirkungen aufgrund solcher Modelle nennenswerte Gesundheitsschäden vorauszusagen gestatten.

Man erkennt, daß diese Problematik nicht nur interdisziplinär strukturiert ist. Sie enthält Fragestellungen, welche der reinen Experimentalforschung fremd, aber in der Diskussion um die Sinnhaftigkeit der Technik heute weithin entstanden sind, Fragestellungen nach der ökologischen Zulässigkeit technischer Entwicklungen. Darüber hinaus wird das uralte Problem wieder akut, ob bestimmte Forschungsergebnisse fundiert sind, oder ob es sich um Pseudowissenschaft handelt. Solcher Pseudowissenschaft gegenüber hat die moderne Öffentlichkeit ein äußerst zwiespältiges Verhältnis, so daß unser Problem endlich sogar in die Sphäre des Politischen übergreift.

Zu den nachfolgenden Ausführungen muß vorweg bemerkt werden, daß sich die Beurteilung der Probleme auf drei Grundlagen stützt. Eigene Erfahrungen mit experimentell arbeitenden Gruppen in Aachen (Dr. Silny), an der Freien Universität Berlin (Prof. Wittke und A. Bayer) und im elektrophysiologischen Laboratorium der Fa. Siemens (Berlin) bilden die Grundlage. Alle Versuche wurden von mir mitgeplant und ausgewertet und standen unter der unmittelbaren wissenschaftlichen Aufsicht von Prof. Dr. K. Brinkmann. Daneben wurde die Weltliteratur soweit wie möglich im Original beschafft und ausgewertet. Da die Literatur z. T. in Deutschland nicht beschaffbar und weit verstreut ist, meist auch aus bibliothekarisch schwer zugänglichen Forschungsberichten besteht, haben wir einige umfassende Referate dieser Literatur ausgewertet, welche vom Electrical Power Research Institute (EPRI) in Palo Alto herausgegeben werden. Wir sind dem Projekt-Manager, Herrn H. A. Kornberg, für freundliche Übersendung dieser Berichte dankbar.

2 Die Situation der gegenwärtigen Forschung

2.1 Die ersten „alarmierenden“ Befunde

Die ersten Behauptungen über gesundheitsschädliche Wirkungen elektrischer Felder stammen von russischen Autoren. In ihren Arbeiten behaupten sie, bei Arbeitern, welche lange Zeit unter hochgespannten Leitungen gearbeitet haben, eine Reihe von Symptomen beobachtet zu haben, welche relativ stereotyp waren. Diese Symptome wurden, wegen der Häufigkeit ihres Vorkommens und der relativen Gleichartigkeit der beobachteten Phänomene, als Folgen der elektrischen Feldeinwirkung betrachtet. Die Phänomene lassen sich in folgende Gruppen gliedern:

a) Rein subjektive Störungen wie Kopfschmerz, Schwindel, Ermüdung, Schlafstörungen, Kraftlosigkeit;

b) Verminderung beobachtbarer biologischer Leistungen wie geringere Arbeitsfähigkeit, Potenzstörungen;

c) Änderung von biologischen Parametern autonomer Organe und beteiligter Regelkreise: geringfügige Änderungen der Herzfrequenz in beiderlei Richtung;

geringfügige Schwankungen des Blutdrucks (Asanova 1963; Korobkova u. a. 1972; Sazonova 1971. Vgl. ferner Tabelle 6).

Diese ersten Beobachtungen lassen sich wissenschaftlich wie folgt klassifizieren:

- Sie sind durchwegs sehr schlecht dokumentiert; die Angaben sind selten quantitativ, weder was die Feldstärken und Expositionszeiten noch was die Größenordnung der beobachteten Effekte anlangt, selbst wenn diese Effekte quantitativ exakt meßbar wären.
- Sie betreffen Störungen, die man gerade in Deutschland als unspezifische Symptome, teils bei allgemeiner Verstimmung, teils insbesondere bei der „vegetativen Dystonie", besonders aber bei Kurpatienten ohne organische Befunde (Blohmke u. a. 1974), feststellt.
- Die Beschwerden sind nicht in epidemiologisch exakter Weise auf ihre Bindung an Feldexpositionen geprüft, d. h. es fehlen durchwegs Vergleichsbeobachtungen an sonst gleichartigen, aber nicht exponierten Kollektiven.
- Die Befunde sind modellmäßig nicht interpretierbar, d. h. es gibt keine Möglichkeit, sie zu erklären und in bestehende wissenschaftliche Theorien einzuordnen.

2.2 Mögliche Methoden der Behandlung des Problems

Der Naturwissenschaftler würde sich dem Problem mit einer Reihe möglicher Experimente nähern, etwa wie folgt:

a) Es könnten Phänomene aus benachbarten Wissenschaftsgebieten zur Klärung der Fragestellung herangezogen werden, da elektrische Felder in der Natur überall vorkommen und ihre Wirkung in der Bioklimatik seit langem erforscht wurde.

b) Die natürlichen elektrischen Phänomene unterscheiden sich freilich durch die Frequenz von technischen Feldern einer Wechselfrequenz von 50 Hz. Sie sind Gleichstromfelder, denen sich hochfrequente Felder, die niederfrequent moduliert sind (sog. „Spherics") überlagern (Harth 1975; König u. a. 1981; Reiter 1963, 1964, 1973). Man müßte also die Wirkung von 50 Hz Wechselfeldern in einem Experimentalansatz klassischer Art an Tier und Mensch untersuchen, wobei der Versuch an Menschen erst statthaft ist, wenn der Tierversuch seine vermutliche Unbedenklichkeit erwiesen hat und den Menschenversuch nur als letzte Sicherheit in der Übertragung der Ergebnisse vom Tier auf den Menschen als erlaubt ausweist.

c) Solche experimentellen Ansätze werden ihrer Natur nach, mindestens am Menschen, nur mit relativ kurzen Einwirkungszeiten arbeiten können. Da die Einwirkungszeit der auf Schädlichkeit verdächtigten Felder aber sehr lang ist, die Felder u. U. bei Menschen, welche unter solchen hochgespannten Leitungen wohnen, lebenslang einwirken, wird eine langzeitige Exposition zur Abklärung des Problems dann notwendig, wenn sich auch nur der begründete Verdacht möglicher gesundheitsschädlicher Einwirkungen ergibt. Solch ein Experiment, der Methode nach als epidemiologische Untersuchung heute weithin üblich, könnte aber in unserem Fall schwerlich durchgeführt werden. Es würde ja beinhalten, daß eine mögliche Schädigung wissentlich und absichtlich herbeigeführt würde, indem man Menschen sehr lange Zeiten derartigen Feldern aussetzt. Zum Glück ist diese Situation in der Verfolgung unseres Problems nie eingetreten, da ein Schaden, wenn anfangs nicht ausgeschlossen, so doch sehr unwahrscheinlich war. Die möglichen Langzeitwirkungen elektrischer und magnetischer Felder wurden überdies dadurch prüfbar, daß man Menschen, die berufsmäßig während ihrer Arbeitszeit unter solchen Feldern bislang schon zu leben pflegten, auf Schäden untersuchte, die sie möglicherweise erlitten hatten. Die ersten „alarmierenden" russischen Beobachtungen waren bereits von dieser Art. Sie erwiesen sich aber als wenig glaubhaft, mußten freilich dennoch in dieser oder ähnlicher Form, nur unter strengen Erhebungsbedingungen und mit epidemiologischer Methode, wiederholt werden. Diese Wiederholung ist erfolgt und hat, zur allgemeinen Erleichterung, wie man verstehen wird, zunächst keinerlei Hinweis auf Wirkungen, geschweige denn Schäden, gegeben (Tabelle 5 und 6). Es läßt sich aber nicht verschweigen, daß in letzter Zeit von Epidemiologen Behauptungen vorgetragen wurden, in denen der Verdacht ausgesprochen wurde, magnetische Felder erzeugten Leukämie bei Kindern, wirkten also cancerogen, und erhöhten die Selbstmordrate (Wertheimer und Leeper 1979; Reichmanis u. a. 1979).

d) Wie auch immer die experimentellen Ergebnisse aussehen mögen, ist eine theoretische Durchleuchtung der Problematik unerläßlich, um die Möglichkeit einer Schädigung zu definieren und dadurch einer experimentellen Prüfung zugänglich zu machen, und sei es nur, um solche Möglichkeiten auszuschließen. Wir wollen diese letzte Form der wissenschaftlichen Prüfung die Modelltheorie solcher Feldwirkungen nennen. Sie wird sich um so erfolgreicher entwickeln lassen, je mehr experimentelle Resultate der besprochenen Art vorliegen.

e) Im Lichte einer solchen Modelltheorie erst läßt sich dann das faszinierende politische Problem erörtern, wieweit der Kampf gegen solche Felder berechtigt ist oder eine pseudowissenschaftliche Agitation darstellt.

2.3 Übersichtsreferate

Unser Problem ist natürlich schon mehrfach in Übersichtsreferaten dargestellt worden. In diesen Referaten wird deutlich, daß der Autor entweder dazu neigt, die positiven Befunde bzw. was er dafür hält hervorzuheben oder den Bericht darauf anzulegen, daß eine Wirkung elektrischer Felder mindestens nicht insofern bestehe, als Gesundheitsschäden für den Menschen zu befürchten sind. Auch die „befundfreudigen" Autoren freilich stimmen derzeit noch ausnahmslos darin überein, daß ein ernsthafter Gesundheitsschaden niemals überzeugend nachgewiesen wurde. Aber es wird das endgültige Urteil offengelassen und ein nennenswerter Effekt hie und da als bedeutsam referiert. Folgende Darstellungen folgen diesem Schema: Barnothy (1974), König (1974, 1975), König u. a. (1981), Marino und Becker (1977, 1978), Persinger (1974), Young (1973).

Die Mehrzahl der Übersichtsreferate ist freilich sehr kritisch oder doch kritisch genug und stellt Schäden durchwegs in Abrede, nach sorgfältiger Abwägung des pro und contra. Folgende Darstellungen fallen hierunter: Anon. (1978 Paris), Anon. (1979 EPRI), Anon. (1980 CIGRE), Atoian (1977), Bankoske u. a. (1978), Beyer u. a. (1979), Bridges und Preache (1981), Brinkmann u. a. (1980), Corretelli u. a. (1976), Committee etc. (1977), Egyptien (1976), Gavalas-Medici (1977), Hauf (1980, 1981), Kieback (1981), Kornberg (1976, 1977), Llaurado u. a. (1974), Phillips, Gillis u. a. (1979) mit zahlreichen Autoren und Übersichten, Phillips u. Kaune 1977, Miller und Kaufman (1980), Rich und Morgan (1979), wo auch die Kostenfrage diskutiert wird, Rogers u. a. (1979), Schaefer (1980), Schmidt (1977), Sheppard und Eisenbud (1977), WHO (1979).

Eine Übersicht mit kurzen Inhaltsangaben bieten ferner: Bridges (1975), Cabanes (1976), Phillips (1978), Waskaas (1981).

Die russische (sehr kontroverse) Literatur referiert in kritischer Weise Knickerbocker (1975). Die psychophysiologischen Effekte wurden von Persinger und Ossenkopp (1973) dargestellt.

Keine dieser Darstellungen enthält freilich eine Diskussion möglicher Modelle oder wägt die Möglichkeiten der Interpretation von Ergebnissen ab. In dieser Hinsicht ist die hier vorgelegte Darstellung ein erster Versuch.

3 Unser Problem – ein Randproblem der Bioklimatik?

Wenn es auch richtig ist, daß man über die mögliche Schädlichkeit technischer Wechselfelder trotz ihrer Anwendung durch ein halbes Jahrhundert nicht nachgedacht hat, so war doch die „Luftelektrizität" schon seit langem ein Problem der bioklimatischen Forschung. Die statischen elektrischen Felder der Atmosphäre erreichen unter extremen Wetterbedingungen sehr hohe Werte [bis zu 40 kV/m (König u. a. 1981, S. 18 und 33), es sind aber Gleichfelder, denen frequente Wechselfelder bis zu mehreren 1000 Hz überlagert sind. Diese hohen Frequenzen sind oft mit einer niederen Frequenz (1 – 10 Hz) moduliert bzw. werden in „Pulsen" ausgestrahlt. Diese modulierten luftelektrischen Felder spielen in bioklimatischen Diskussionen eine große Rolle. Man sagt ihnen nach, sie seien für das Wohlbefinden des Menschen unerläßlich (Lit. in König u. a. 1981, S. 61 ff.). Sie müßten also, falls sie (wie in Betonbauten) technisch vernichtet werden, durch eigene elektrische Klimatisierungsgeräte wiederhergestellt werden. Mit solchen Geräten ist einiges Geld verdient worden. Ein darüber hinausgehender Nutzen ist mit allgemein anerkannter Methode nicht bewiesen worden. Daß sich Vertreter der Bauwirtschaft, in ihrer sog. *Baubiologie*, auf solche offenbar nicht seriöse Angaben stützen, ist ihnen kürzlich in einem gründlichen Buch nachgewiesen worden (DANIELEWSKI 1981).

Nun ist die Klimabiologie ein sehr „weites Feld", und ich gehe hier nur von wenigen, wenn auch typischen Erfahrungen aus, welche ich selber gemacht habe. Schon 1931 hatte der Frankfurter Pädiater DE RUDDER, ein Mann hohen wissenschaftlichen Formats, ein Buch über klimatische Wirkungen auf die menschliche Gesundheit veröffentlicht. Man wußte, daß das Klima mindestens 6 voneinander weitgehend unabhängige Faktoren besitzt, deren jeder eine eigene Wirkung ausübt: elektrische Felder, Luftionen, Luftdruck, Strahlung, Feuchtigkeit und Temperatur. Von chemischen Spurenstoffen, z. B. Ozon, sind weitreichende Wirkungen behauptet worden (CURRY). Als weiterer Faktor mag das Magnetfeld der Atmosphäre hinzukommen, das mindestens für die Orientierung der Tiere im Raum Bedeutung hat (BARNOTHY 1974; SEMM 1980). Von diesen Klimafaktoren hängt fraglos unser Wohlbefinden ab.

Die Bioklimatik hat nun, wie die an widersprüchlichen Befunden und Meinungen überreiche Literatur beweist, mit zwei grundsätzlichen Schwierigkeiten zu kämpfen: erstens ist es schon weitgehend unbekannt, durch welche physiologischen Parameter unser Wohlbefinden bestimmt wird. In dieses Wohlbefinden gehen z. B. sicher Blutdruck und Kerntemperatur, doch ebenso sicher auch einige rein psychische Parameter ein. Der offenbar wesentliche Rest bleibt dunkel, vor allem wenn man den so vielfältigen phänomenalen Hintergrund des menschlichen Befindens bedenkt, den uns PLÜGGE meisterhaft beschrieben hat.

Wenn es nun schon keine physiologische Theorie des Befindens gibt, wie sollte es dann eine bioklimatische Theorie seiner Beeinflussung geben? Was an Wirkungen von Feldern oder Luftionen z. B. jemals beschrieben wurde, würde selbst dann keine Handhabe bieten, Änderungen des menschlichen Befindens zu erklären, wenn diese Wirkungen tatsächlich existieren sollten.

In diesen beiden Schwierigkeiten hat die Unbestimmtheit aller bioklimatischer Aussagen ihren Grund. Was bislang vorliegt, ist lediglich eine Art Korrespondenzliste, die angibt, welche bioklimatischen Faktoren mit welchen subjektiven oder objektiven Phänomenen des Befindens parallel zu gehen scheinen. Doch selbst diese Korrespondenz scheitert zum guten Teil an der schlechten Definierbarkeit und Standardisierbarkeit von „Befinden", das eben nirgends aus der Sphäre des obligat Subjektiven heraustritt. Es gibt zudem keinerlei Modell, das biologische Wirkungen mit subjektiven Begleiterscheinungen erklären könnte.

Es kommt hinzu, daß die Forschungsmethoden und die biologische Theorie, mit denen es diese Methoden zu tun haben, extrem kompliziert sind. Es müßten sich also die besten Köpfe der Wissenschaft dieser Forschung widmen. Eben dies aber geschieht nicht. Mit Ausnahme weniger sehr kritischer und kompetenter Forscher, die in der Bioklimatik – und ebenso auf dem Gebiet der Wirkung elektrischer technischer Felder – arbeiten, gibt es auffallend viele Leute, denen ein wissenschaftlicher Rang nicht zugebilligt werden kann, weil sie gegen Regeln der Methode oder Theorie verstoßen.

Wir haben die Situation der Bioklimatik hier deshalb so ausführlich erörtert, weil das Problem der Wirkung elektrischer Felder mehrere Facetten aufweist, die analog gestaltet sind:

- wir haben es, bei den ersten Berichten über Feldwirkungen, mit Störungen der *Befindlichkeit* zu tun, für die es weder Modelle noch Erklärungen seitens der Physiologie des Befindens gibt;
- wir haben es mit einem Problem zu tun, dessen physikochemische Details so beschaffen sind, daß, wie wir noch ableiten werden, auch *biologische* Wirkungen mit einigen Ausnahmen nicht modellmäßig interpretierbar sind;
- wir finden auch auf unserem Gebiet so eklatante Widersprüche in Befundschilderungen und Theorien, daß das Problem der Forscherpersönlichkeit stark in den Vordergrund tritt;
- es kann gerade in unserem Fall, und angesichts einer weithin unkritischen Öffentlichkeit, der Fall eintreten, daß man den Vorwurf erhebt, eine an der Sache finanziell interessierte Gruppe (nämlich Wissenschaftler aus dem Bereich der Elektroindustrie) bestreite aus einsehbaren Gründen die Seriosität gerade derjenigen Forscher, welche positive Befunde erhoben hätten (vgl. Kap. 8.3).

In einem wesentlichen Punkt weicht unser Problem von dem der Bioklimatik ab: niemand bestreitet, daß es wetter- und umweltbedingte Störungen des Befindens gibt, daß also Phänomene in der Bioklimatik existieren, die der Erklärung bedürfen. Auf dem Gebiet der Wirkung elektrischer und magnetischer Felder wird aber gerade die Existenz vieler der berichteten Phänomene geleugnet. Die Phänomene, die allseits akzeptiert werden, sind relativ banaler Natur. Wieweit dieser Antagonismus zwischen den Forschergruppen berechtigt oder erklärbar ist, ist insbesondere Gegenstand der vorliegenden Darstellung.

Um einen wesentlichen Punkt in der Diskussion um die Vertrauenswürdigkeit der Forscher schon hier zu klären: die in Hearings (Warnke o. J.) und bei internen Diskussionen immer vorgebrachte Behauptung, in der Forschung seien massive wirtschaftliche Interessen im Spiel, ist sicher absurd. Die meisten Forschungen, auf denen unser Bericht beruht, wurden von unabhängigen Universitätsinstituten durchgeführt, denen an dieser Stelle besonders gedankt sei: dem Helmholtz-Institut an der Universität Aachen, dem physiologischen Institut der tierärztlichen Fakultät der FU Berlin sowie dem Arbeitskreis Energieforschung, Berlin, wobei jedoch die medizinische Beratung und Auswertung dieser und aller übrigen Ergebnisse in meiner Hand lag. Ich selbst handle im Auftrag einer Körperschaft des öffentlichen Rechts, der Berufsgenossenschaft der Feinmechanik und Elektrotechnik in Köln, einer Institution, die von Gesetzes wegen zu völliger Neutralität gerade auch den Arbeitgebern gegenüber verpflichtet ist. Zwar haben zahlreiche namhafte Firmen neben der Berufsgenossenschaft die finanziellen Lasten dieser Forschung getragen (neben der Siemens AG auch die BEWAG Berlin, die deutsche Verbund-Gesellschaft Heidelberg, das RWE Essen, die Schirm GmbH, Berlin). Doch hat keine dieser Firmen den geringsten Einfluß auf Anlage und Auswertung der Experimente gehabt oder angestrebt. Unsere Ergebnisse stimmen endlich mit denen der Freiburger Forschungsstelle *Elektropathologie* überein, deren Leiter, Prof. HAUF, ebenfalls völlig unabhängig ist.

Hingegen läßt sich beweisen, daß auf der Seite derer, welche die Existenz biologischer Wirkungen elektrischer Felder behaupten, erhebliche finanzielle Interessen an dem Nachweis solcher Wirkungen vorliegen. Die Situation ist so paradox, daß einerseits „Entstrahlungsapparate" oder Schutzeinrichtungen vor den angeblich schädlichen technischen Wechselfeldern mit 50 Hz Frequenz gefordert werden, daß andererseits Apparate gebaut und vertrieben werden, welche die durch technische Einflüsse gestörten natürlichen elektrischen Erdpotentiale wiederherstellen sollen (ANSELM u. a. 1977; FISCHER u. a. 1977; KIRMAIER u. a. 1978; KÖNIG und ANKERMÜLLER 1960; LANG 1974, 1977). Die Firma Elevit ist hier führend.

Nach alledem ist es verständlich, daß uns die Bioklimatik als ein warnendes Beispiel für die Schwierigkeit der experimentellen Klärung unserer Probleme dient, wir also eine Übertragung bioklimatologischer Forschungsergebnisse auf unsere Fragestellung unterließen, obgleich diese Forschungen relativ zahlreich sind und sich mit der Wirkung klimatischer elektrischer Erscheinungen eingehend befaßt haben. Nur einige unbezweifelbare Meßergebnisse an Tieren dienten uns als Lieferanten von Modellvorstellungen.

4 Methodische Probleme

4.1 Feldstärke-Bestimmung

Da bei allen biologischen Effekten Schwellen bestimmt werden sollten, deren Überschreitung erst den Effekt auslöst, sollte man die Feldstärke, welche tatsächlich einwirkt, genau kennen. Es ist nun aber schwierig, solche Feldstärken aus der Größe des „ungestörten" Feldes zu bestimmen, da die Feldstärke des ungestörten Feldes zwar experimentell immer leicht anzugeben ist, die im Feld sich aufhaltenden Testobjekte, Tiere ebenso wie Menschen, aber eine von dem Abstand der Elektroden abhängige Feldverzerrung hervorrufen, durch welche die am Objekt anliegende Feldstärke meist erheblich erhöht wird. Hiervon war oben schon die Rede (BRINKMANN 1976; KÜHNE 1979, 1980; SCHNEIDER u. a. 1974; SILNY 1976, 1979). Auch ein unter einer Freileitung stehender Mensch bewirkt durch seinen Körper, der elektrisch gut leitet und durch die Füße geerdet ist, eine beträchtliche Überhöhung der Feldstärke um ungefähr den Faktor 15 (SCHNEIDER u. a. 1974, 1976). Bei Beobachtung unter experimentellen Bedingungen hängt der Überhöhungsfaktor vom Verhältnis zwischen Elektrodenabstand und Objektgröße ab. Er ist dann u. U. etwas höher, z. B. 15,7 für den stehenden Menschen (KÜHNE 1979). Bei experimentellen Elektroden-Formen sind sowohl die „ungestörten" Bodenfeldstärken als auch die effektiv am Objekt angreifenden Feldstärken stark von der Dimensionierung der Elektroden abhängig. Leider geben nicht alle Experimentatoren diese effektiven Feldstärken an. In unseren Tabellen sind daher die „ungestörten" Feldstärken wiedergegeben, welche also im Einzelfall einer Umrechnung unterworfen werden müßten, so daß der exakte Vergleich verschiedener experimenteller Ergebnisse miteinander kaum möglich ist. Da aber bei gleichem Versuchsobjekt (d. h. gleicher Größe des verzerrenden Objektes) eine angenähert gleiche Überhöhung angenommen werden kann, sind Vergleiche, welche die Gefährdungen abschätzen lassen, durchaus möglich, insbesondere da die Überhöhungsfaktoren unter Freileitungen und im Experimentalfeld sich nur wenig unterscheiden.

Wichtig ist die Feldverzerrung vorwiegend dadurch, daß die meisten Versuchstiere Kleintiere sind, deren Körperfigur mehr einem liegenden Rotationsellipsoid als (wie beim Menschen) einem aufrecht stehenden gleicht. Der Überhöhungsfaktor, der die maximale Feldstärke am Körper in Abhängigkeit von der ungestörten Bodenfeldstärke angibt, ist aber bei einem liegenden Rotationsellipsoid viel kleiner als bei einem aufrechten. Die für den Menschen anzunehmende Überhöhung von rund 1:15 beträgt beim Kleintier nur rund 1:2. Testungen an Kleintieren unter 100 kV/m ungestörter Bodenfeldstärke bringen also eine noch schwächere effektive, am Kopf angreifende Feldstärke an das Tier, als es eine ungestörte Feldstärke von 20 kV/m beim Menschen tut (J. Brinkmann 1980).

Aus diesem Grund sind die aus den Tabellen 1–3 ersichtlichen hohen Feldstärken der Tierversuche mit den Beobachtungen am Menschen sehr wohl direkt vergleichbar.

Berechnungen und Messungen der unter Freileitungen herrschenden ungestörten Bodenfeldstärken hängen natürlich von der Höhe der Leitungsmasten ab. Bei den verwendeten Masten herrschen unter 400 kV Feldstärken bis zu 6 kV/m (CIGRE 1980; Schneider u. a. 1974). Die unten referierten Feldstärken, die bis zu 20 kV/m betrugen, imitieren die Verhältnisse, wie sie bei 1500-kV-Freileitungen schlimmstenfalls zu erwarten sind. Für die in Deutschland derzeit verwandten Spannungen in Freileitungen von maximal 380 kV sind die Experimente bezüglich der Feldstärke also erheblich überdimensioniert (K. Brinkmann 1980).

Freilich gibt Spiegel (1976) schon bei Freileitungen mit 230 kV Feldstärken bis zu 28 kV am vertikalen Pol des Mastes an, doch werden solche Feldstärken höchstens bei Ersteigung von Masten, die unter Spannung stehen, wirksam.

4.2 Die Wirkung der Felder auf das Körperinnere

Da der tierische und menschliche Körper ein guter Leiter zweiter Klasse ist, können in seinem Inneren hohe Feldstärken nicht entstehen, wenn sich der Körper in einem Feld befindet, das sich in der Luft ausbreitet. Das ist auch der Grund dafür, daß sich die Feldlinien des luftelektrischen Feldes so eng um den Kopf eines stehenden Menschen zusammendrängen. Berechnungen der Feldverhältnisse finden sich bei Schneider u. a. (1974); Silny (1976); CIGRE 1980; Kühne (1979). Für den biologischen Effekt des Feldes ist nun in erster Linie derjenige

Strom verantwortlich, der aufgrund der im Körper noch abfallenden Spannungen fließt. Wir nennen diesen Strom Verschiebungsstrom. Die ihn treibende Spannung, also eine Restspannung der äußeren einwirkenden Feldstärke, kann bei 25 kV/m ungestörter Feldstärke zu etwa 350 mV geschätzt werden (J. BRINKMANN 1980). Gemessen wurden die Verschiebungsströme an einem lebenden Objekt m. W. nur von SILNY (1976), nach sorgfältigen Berechnungen für die beim Organismus vorliegenden Leitfähigkeiten (vgl. Kap. 7.3.4.1). Für den Menschen würden SILNYS Ergebnisse bedeuten, daß maximal im Körperinnern einige hundert μV/cm Feldstärke entstehen.

An Modellen haben SCHNEIDER u. a. (1974) und SILNY (1976) die Größe der intrakorporalen Feldstärken und der daraus resultierenden Verschiebungsströme rechnerisch bestimmt. Beide Rechnungen (und bei SILNY direkte Messungen) stimmen gut miteinander überein. Wir werden sie bei der Erörterung der Modellvorstellungen genauer referieren. Weitere Messungen mit ähnlichem Resultat stammen von DENO 1977, 1979, GROSS u. a. 1972, KOUWENHOVEN u. a. 1966, LOEVSTRAND 1976, 1979 und PHOTIADES u. a. 1969. Bei einer ungestörten Feldstärke von 20 kV/m, wie sie unter Freileitungen von 1300 kV kaum erreicht werden dürften, werden vermutlich 4,8 nA/cm^2/kV/m Verschiebungsstrom, also 96 nA/cm^2, fließen (SCHNEIDER u. a. 1974). SILNY (1976) gibt für 20 kV/m bei 480 μV/cm intrakorporaler Feldstärke rund 1 μA/cm^2 an, ein Wert, der mit dem von SCHNEIDER u. a. um eine Zehnerpotenz differiert. Ähnliche Werte finden sich bei SPIEGEL (1976), der Stromdichten von maximal 10 nA/cm^2 referiert, und bei LÖVSTRAND (1976), der Verschiebungsströme am Menschenmodell (Gesamtstrom) zu (im Mittel) rund 5 μA/kV/m gemessen hat. Diese Werte sind also keinesfalls völlig identisch, aber sie stimmen in einer oberen Grenze überein, über die hinaus Verschiebungsströme sicher nicht zu erwarten sind. KOUWENHOVEN u. a. (1966) nennen als eine solche obere Grenze 1 mA. Unter den heute in der deutschen Bundesrepubik herrschenden Verhältnissen (380 kV Freileitungen) wird man mit maximal 4 kV/m unverzerrter Feldstärke und nach SCHNEIDER u. a. (1974) also mit maximal 56 μA Gesamt-Verschiebungsstrom rechnen dürfen.

4.3 Die Rolle von Vibrationen und Minischocks

Einflüsse elektrischer Felder könnten vorgetäuscht werden durch leicht verständliche Wirkungen auf das Verhalten der Tiere und auf ihre Emotionalität. Es handelt sich hier um drei Fehlerquellen, die möglicherweise eine besondere Rolle spielen: mechanische Vibrationen, sog. Minischocks und elektrostatisch induzierte Vibrationen der Haare und Sensationen in trockener Epidermis (Hautoberfläche).

Vibrationen des mechanischen Versuchsaufbaus lassen sich schwerlich ganz vermeiden, insbesondere wenn magnetische Steuerungen benutzt werden und die Magnetspulen vibrieren. Für die Beurteilung einer Feldwirkung beim Menschen sind Vibrationen vermutlich belanglos, machen höchstens den auch durch die Sensationen an Haut und Haaren bereits unmöglich gemachten unwissentlichen (Plazebo-)Versuch unmöglich. Es gelingt zwar, selbst bei starken Magnetfeldern, Vibrationen zu vermeiden (SANDER 1982), aber bei Tieren kennen wir die meist sehr viel niedrigeren Schwellen für Vibrations- und Gehörsempfindung zu wenig, um auszuschließen, daß Tiere nicht im Experimentalfeld durch solche Sinnesreize beunruhigt werden. Die quantitativen Probleme sind bei BRIDGES und PREACHE (1981) ausführlich erörtert.

Dasselbe kann von *Haarvibrationen* gesagt werden. Im Selbstversuch kann man leicht testen, daß schon Felder von etwa 6 kV/m (KÜHNE) bzw. schon bei 2 kV/m (CABANES und GARY 1981) merklich sein können (vgl. hierzu Kap. 6.1). Bei Tieren, für welche die Sensibilität ihrer Haare eine lebenswichtige Orientierungshilfe ist, müßten Vibrationen der Haare, die so entscheidend von jeder anderen Erfahrung der Tiere mit Haarreizen verschieden sind, sicher emotionale Effekte auslösen. Es besteht nach unseren Erfahrungen an immobilisierten Ratten in Aachen (SILNY 1979) der begründete Verdacht, daß eine Immobilisierung die Tiere erst recht emotional erregt, wie das GRANT (1950) gezeigt hat. GARY hat die Vibrationen filmisch erfaßt, findet dabei freilich eine sehr hohe Schwelle von 50 kV/m, doch ist offenbar der filmische Nachweis sehr viel unempfindlicher als der subjektive, wie sich aus dem Selbstversuch ergibt (CABANES und GARY 1981). Es mag nicht ganz unberechtigt sein, solche emotionalen Effekte einen *„Elektrostreß"* zu nennen (KÖNIG u. a. 1981, S. 224ff). Man sollte dann aber (was leider nicht geschieht) hinzufügen, daß der Streß ein Sekundäreffekt ist, der durch die für Tiere unverständliche Reizung des Haarkleides zustandekommt und dann eine Reihe von Verhaltensreaktionen zur Folge hat (s. u.). Ein Streß durch elektrische Felder kann durch solche Beobachtungen keinesfalls belegt werden, und alle Messungen am Menschen zeigen keinen einzigen Streß-Effekt. Der Begriff „Streß" wird von diesen Autoren also als synonym für „Verhaltensbeeinflussung" gebraucht.

Minischocks sind ein Phänomen, das in der Praxis vermutlich jedermann bekannt ist und in elektrischen Entladungen bei Berührung leitender Gegenstände bei sehr trockenem Wetter oder bei Schreiten über einen elektrostatisch aufladbaren Teppich besteht. Ladungen mit einer Spannung von mehreren 1000 V entstehen dabei leicht (LEE 1981), und unter Freileitungen treten kapazitive Ladungen an isoliert stehenden größeren Metallkomplexen, z. B. landwirtschaftlichen Fahrzeugen, auf, die erheblich sind und sogar gefährlich werden können (DENO 1974; DENO und ZAFFANELLA 1974; vgl. Kap. 6.4). Solche Wirkungen haben natürlich nichts mit jener fraglichen Wirkung zu tun, welche von den Feldern selbst ausgeht. Werden aber Tiere in Käfigen und unter Feldeinwirkung gehalten, so ist bereits die Berührung eines Trinkgefäßes mit einem kleinen elektrischen Schlag verbunden. Solche Effekte sind praktisch nicht zu vermeiden, wenn man nicht den Tieren grundsätzlich nur bei Abschaltung des Feldes Wasser anbietet, wie das bei KNICKERBOCKER u. a. (1967) der Fall war. Es wird deshalb von BRIDGES und

PREACHE (1981) mit Recht betont, daß positive Resultate, welche im Gegensatz zu anderen Arbeiten stehen, durch derartige „sekundäre" Feldwirkungen bedingt sein könnten, wobei sie insbesondere auf die positiven Befunde von MARINO, BECKER u. a. (1976) hinweisen. In diesen Versuchen zeigte sich, daß bei zwei verschiedenen Feldorientierungen Tiere im vertikalen Feld bei einer über 3 Generationen fortgesetzten Exposition von 15 kV/m eine erhöhte Mortalität aufwiesen, aber insbesondere beim Trinken Minischocks erlitten. Eine horizontale Feldanordnung vermied diese Schocks und hatte damit eine unbeeinflußte Mortalität. Daß derartige ungewohnte Reize starke Effekte bei Tieren auslösen, ist experimentell bewiesen (Lit. hierzu bei BRIDGES und PREACHE 1981, Tabelle IV).

4.4 Beobachtungen während der Exposition

Zur Beurteilung eines durch Feldeinwirkung entstandenen Schadens würde es genügen, diesen Schaden durch Messungen am Tier nach Ende der Expositionszeit festzustellen. Will man freilich mögliche Feldwirkungen in ihrem Mechanismus erfassen, so sollten die Parameter, auf welche sich das Urteil der Wirkung im Prinzip stützt, während der Exposition gemessen werden. Diese Messungen sind unproblematisch nur, wenn nicht-elektrische Meßmethoden eingesetzt werden. Felder von der hier verwandten Stärke brechen jedoch in elektrische Meß-Anordnungen ein und erzeugen Artefakte, welche das Resultat der Messung erheblich verfälschen.

Es gelang erstmals SILNY (1977) in unserer Gruppe und später auch KÜHNE (1979) mit SILNYS Hilfe, Filtermethoden zu entwickeln, welche die 50-Hz-Störsignale hinreichend unterdrückten, um selbst ein so störanfälliges Signal wie das EEG (Elektroencephalogramm) störungsfrei aufzunehmen. Erst dadurch ist es möglich geworden, denkbare Einflüsse der Felder exakt zu untersuchen und unberechtigte Befürchtungen zu zerstreuen.

Bei nicht-elektrischen Meßmethoden treten störende Einflüsse der Felder nicht auf, doch bieten alle tierexperimentellen Methoden eine Reihe besonderer Schwierigkeiten, die nachfolgend kurz erörtert werden.

4.5 Methodische Probleme der biologischen Messungen

Die Registrierung meist niedergespannter Signale im Milli- und Mikrovoltbereich erfordert in der Regel eine Fesselung der Versuchstiere. Eine solche Fesselung ist selber ein Streß. Schlußfolgerungen auf eine Feldwirkung lassen sich also nur dann ziehen, wenn bei gleicher Versuchsanordnung die Daten mit oder ohne Feldeinwirkung verglichen werden. Dieser Vergleich führt, wenn man nicht Versuchsgruppen und Kontrollgruppen miteinander vergleicht, wie das bei Langzeit-Versuchen immer geschieht, zu der Notwendigkeit, den Zeitfaktor zu berücksichtigen. Insbesondere spielt der Zeitfaktor eine ausschlaggebende Rolle, wenn die Messungen unter Umständen erfolgen, welche für das Tier oder den Menschen ungewohnt oder gar unangenehm sind.

In den Experimenten unserer eigenen Versuchsgruppen wurde daher immer so verfahren, daß entweder mehrmals das Feld ein- und ausgeschaltet wurde, so daß der Feldeinfluß zutage trat, falls er bei Ausschaltung des Feldes reversibel war. Oder es wurden (wie bei den Beobachtungen am Menschen: KÜHNE) feldfreie und exponierte Phasen des Versuchs in verschiedener Reihenfolge durchgemessen, nach dem Verfahren abab bzw. baba, wenn a die Versuchsphase des feldfreien, b die des exponierten Zustandes bedeutet. Die Phasen lassen sich auch auf andere Weise permutieren, aber uns genügte die angegebene Form.

Die Messung der Parameter ist in fast allen Arbeiten der Weltliteratur mit Methoden vorgenommen worden, deren Resultate vergleichbar sind. Die Methoden betreffen verschiedene biologische Bereiche, die wir in folgender Unterteilung referieren.

4.5.1 Beobachtung der autonomen Funktionen (Tabellen 1 und 6)

Der sog. „vegetative" oder autonome Bereich umfaßt alle Daten, welche Kreislauf, Atmung oder Stoffwechsel betreffen. Viele dieser Daten sind so streng geregelte Größen (der Blutzucker z. B.), daß Änderungen unter Feldeinwirkung schon deshalb unwahrscheinlich sind. Rasch reagieren nur solche Größen, welche sich unter nervösem Einfluß stark verändern, wie die Frequenzen von Herz und Atmung, die daher eigentlich nicht mehr „autonom" sind. Besonders beachtet wurden die Meßwerte des Blutes, d. h. seiner chemischen und cellulären Zusammensetzung. Hier müßte sich in der Tat ein Einfluß finden, wenn autonome Vorgänge beeinflußbar sein sollten, insbesondere wenn Hormone gemessen werden. Manche Blutparameter, z. B. Blutfette, sind so träge, daß deshalb ein Effekt auf sie innerhalb einer Exposition von wenigen Stunden nicht erwartet werden kann. Unter den bioelektrischen Signalen findet sich im autonomen Bereich vorwiegend das Elektrokardiogramm (EKG). Wenn elektrische Veränderungen von Zellen gesucht werden, sollte das EKG sie sichtbar machen.

4.5.2 Beobachtung der animalen Funktionen

Der sog. „animale" oder neurosensorische Bereich umfaßt alle Daten, welche es mit dem willkürlich zu betätigenden Bereich des Zentralnervensystems (ZNS) und der Sinneswahrnehmung zu tun haben (Tabellen 2 und 9). Eine gute Kombination der gleichzeitigen Testung beider Bereiche liegt in der Messung von Reaktionszeiten und -fehlern vor, da diese eine motorische Antwort auf Sinnesreize darstellen. Ein meist als sehr sensibel betrachtetes Signal ist das Elektroenzephalogramm (EEG), das freilich im Zustandekommen seiner Kurvenformen noch unklarer ist als das EKG. Im EEG sollten aber alle Einflüsse sichtbar werden, welche die Tätigkeit von Ganglienzellen betreffen. Diese Tätigkeit ist primär elektrisch, und es entsteht z. B. die Frage, ob die im Gehirn durch Feldeinfluß induzierten Verschiebungsströme in die Größenordnung der spontanen elektrischen Gehirntätigkeit fallen. Einflüsse, die sich im EEG (noch) nicht abbilden, könnten aber schon das Verhalten ändern, das deshalb (durch Registrierung der Bewegungen, ihrer Rhythmik, ihrer Zeitabhängigkeit und durch Beobachtung der spontan aufgesuchten Bezirke, im Feld, feldfrei) in zahlreichen Studien beobachtet wird. Die Tätigkeit der Sinnesorgane, sofern sie nicht sofort zu Verhaltensänderungen führt, kann freilich nur in der (subjektiven) Selbstbeobachtung erfolgen, wobei uns die optische Flimmerwahrnehmung besonders gute Dienste tat, vor allem auch deshalb, weil mindestens Magnetfelder, doch auch direkte elektrische Durchströmungen des Auges, Flimmern erzeugen: die sog. Phosphene.

4.5.3 Beobachtung von Wachstum und generativem Verhalten

Der dritte Bereich betrifft alle Prozesse, welche mit Wachstum und Fortpflanzung zu tun haben (Tabellen 3 und 10). Hier müßten, falls möglich, die Genmuster der Tiere oder des Menschen beobachtet werden, ein Verfahren, das hinsichtlich der Einwirkung elektrischer Felder noch nicht angewandt wurde. Wohl wurden die Generationsvorgänge beobachtet, d. h. die Fertilität, die Mißbildungsrate, das Verhalten des Nachwuchses. Die Generationsprozesse sind nur ein Spezialfall des Wachstums schlechthin, das relativ leicht, z. B. als Gewichtszunahme nach der Geburt, messend über lange Zeiträume verfolgt werden kann. Die mit der Entstehung neuen Lebens verbundenen Vorgänge sind aus vielerlei Gründen gegen äußere Einflüsse sehr empfindlich. Deshalb wäre bei derartigen Beobachtungen ein Feldeinfluß am ehesten zu erkennen. Die Tumorrate ist ebenfalls ein Wachstums-Indikator besonderer Empfindlichkeit, der bei ähnlichen Testungen immer verwendet wird (vgl. WHO 1976).

4.5.4 Krankheit als Indikator (Tabelle 8)

Ein vierter biologischer Bereich, der völlig eigenständig ist, ist die Messung des Auftretens von *krankhaften Prozessen*. Was hier unter „krankhaft" verstanden wird, ist unproblematisch, trotz einer enormen Problematik auf diesem Sektor biologischer Phänomene (Schaefer 1976). Man suchte nach offenbaren Defekten des Wohlbefindens oder der Leistung, nach Abnormitäten des Leibes sowie einem veränderten Verhalten in Form einer veränderten Inanspruchnahme medizinischer Dienste. Dieser Tatsachenbereich ist nur mit der Methode der *Epidemiologie* zu beschreiben.

Unter Epidemiologie versteht man den Vergleich von Merkmalshäufigkeiten, die man an verschiedenen Gruppen von Individuen beobachtet, hier also den Vergleich von Merkmalen, die man als durch Felder beeinflußbar ansieht, bei feldexponierten und nicht exponierten Gruppen (zur Methode vgl. Schär 1975). Unterscheiden beide sich in einer statistisch vom Zufall signifikant unterschiedenen Weise, so ist der Schluß gerechtfertigt, daß zwischen dem Merkmal (z. B. einer Krankheit) und der Feldeinwirkung ein Zusammenhang besteht, doch wird über die Form dieses Zusammenhangs nichts ausgesagt. Der Zusammenhang kann durchaus ein indirekter sein, der dadurch vorgetäuscht wird, daß Feldeinwirkung und Merkmal von dritten oder gar vierten Größen gemeinsam abhängen.

4.5.5 Die Frage des Kausalzusammenhangs

Ein *kausaler Zusammenhang* ist epidemiologisch nur dann zu sichern, wenn es gelingt, den Effekt, den man als eine Folge der Feldexposition anspricht, modellmäßig als mögliche Feldfolge zu interpretieren, d. h. Tatsachen aus schon bekannten Sachzusammenhängen anzugeben, welche den Effekt als Folge des Feldes verständlich erscheinen lassen (hierzu Schaefer 1975). Nicht nur aus diesem Grunde ist die Modelltheorie für unser Problem von so eminenter Bedeutung. Jeder beobachtete Effekt, den man auf eine Feldwirkung beziehen möchte, bedarf zu seiner endgültigen Abklärung eines Modells, da andernfalls der Zusammenhang zwischen Feld und Effekt immer fraglich bleibt. Selbst wenn also in Experimenten an Tier oder Mensch Zusammenhänge zwischen Feld und bestimmten Phänomenen aufscheinen, sind sie als „primäre" Feldeffekte erst dann zu sichern, wenn ein Modell sie interpretiert. Andernfalls bleibt der Verdacht, daß es sich um sekundäre oder tertiäre Effekte handelt, die durch eine oder zwei zwischengeschobene Wirkungsstufen indirekt ausgelöst sind, ohne daß das Feld einen *direkten* Einfluß der fraglichen Art auslöst oder daß sie gar zusammen mit der Feldwirkung gemeinsam von dritten Faktoren abhängen. Belanglose Haarvibrationen behaarter Tiere, welche zu Sinnesreizen führen, wären hier anzuführen.

Nun muß diese Aussage dahin relativiert werden, daß auch sekundäre oder tertiäre Feldwirkungen echte Schädigungen durch das Feld bedeuten könnten, wären sie, wenn auch über Zwischenstufen, mit dem Feld unvermeidbar verknüpft. Wird eine sekundäre Wirkung daraufhin betrachtet, ob sie als „Schädigung" gelten kann, so müssen Kriterien für einen „Schaden" definiert werden, wobei die Verhütung des Schadens in eine vernünftige Relation zu ihren Kosten zu setzen wäre (Rish und Morgan 1979). Da die Kosten einer unterirdischen Verkabelung, die sicher ohne Einfluß auf den Menschen wäre, mehr als das 10fache der Kosten einer Freileitung betragen (Rish und Morgan 1979), wird man geringe „Belästigungen" kaum als einen zu verhütenden Schaden ansprechen dürfen.

Die Abhängigkeit eines krankhaften Phänomens von einer Feldeinwirkung kann dadurch vorgetäuscht sein, daß dort, wo starke Felder einwirken, zugleich andere, wirksame Faktoren der Umwelt (Lärm, Wohndichte, Luftverschmutzung etc.) auftreten. Diese Tatsache wird unten bei einschlägigen Arbeiten zu beachten sein (vgl. Kap. 6.3).

5 Experimentelle Ergebnisse an Tieren bei Exposition im elektrischen Feld

Selbst bei einem nur schwachen Verdacht auf eine schädliche Wirkung elektrischer oder magnetischer Felder müßte einer Beobachtung am Menschen der Tierversuch vorausgehen. Aus verständlichen Gründen sind solche Versuche vorwiegend an Kleintieren durchgeführt worden: Mäusen, Ratten, Meerschweinchen, Kaninchen, Hühnchen. Die einzelnen Autoren, welche diese Tiere benutzten, entnehme man den Tabellen 1 bis 3. Silny hat als erster auch Katzen verwandt, wegen deren besonderer Eignung zur Implantierung intracerebraler Elektroden. Am Anfang der Untersuchung von Feldwirkungen stand die Erforschung von elektrischen Feldern, welche die Wirkung hochgespannter Freileitungen klären sollten. Die Wirkung von Magnetfeldern ist erst in jüngster Zeit ebenso systematisch untersucht worden. Die Feldstärken, denen die Tiere ausgesetzt wurden, lagen in der Regel zwischen 10 und 100 kV/m.

5.1 Kurzzeitversuche: Wirkungen auf „vegetative" Parameter

Am Beginn der experimentellen Forschung standen Versuche mit kurzzeitiger Exposition, also „akuter" Feldeinwirkung. Die Ergebnisse sind in Tabelle 1 in ihren wesentlichen Punkten festgehalten. Man wird beim Lesen der Tabellen be-

Tabelle 1. Wirkungen von 50 – 60 Hz elektrischen Wechselfeldern auf Säugetiere. Vegetative Effekte (h = Stunden, d = Tage)

Feldstärke	Expositions-dauer	Tierart	Meßwert	Feldwirkung	Autor
25 kV/m u. mehr	Kurzzeit	Maus	Corticosteron	bei 25 kV und mehr steigt C., als Orientierungsrelation, kein Streß!	Bankoske u. a. (1978)
100 kV/m	500 – 1000 h	Maus, Meerschwein	EKG	PR verlängert (20%), ebenso R (23%), QRS (19,5%) Sinusarrhythmie nach Exposition	Blanchi u. a. (1973a)
100 kV/m	1000 h	Maus	Blutbild	Neutr. Leukocyten steigen (12%), Lymphocyten sinken (14%), Eosinophile steigen (1%)	Blanchi u. a. (1973b)
100 kV/m	1 Jahr	Ratte	Histologie, Blutwerte	kein Einfluß, nur Leukocyten sinken (alle Arten)	Brinkmann (1976)
80 kV/m	24 d	Küken	EKG	Herzfrequenz steigt im Feld, bei 80 mehr als bei 40 kV/m	Carter, Graves (1975)
10 – 100 kV/m	2 Monate	Maus, Ratte, Kaninchen, Hund	Blut und Kreislauf	Leukocyten steigen bei 25 kV/m (Ratte), Reticuloc. erhöht beim Hund. Blutdruck, EKG, Herzfrequenz, Minuten-Vol., Blutwerte unverändert	Ceretelli u. a. (1979)
100 kV/m	31 d	Ratte	Stoffwechsel (O_2-Verbrauch, Gewicht, Trinken, Nahrungsaufnahme)	unverändert	Chandon in Phillips (1978)
0,05 – 5,3 kV/m	50 d	Ratte	Herzfrequenz	sinkt bei 5,3 kV/m stark, steigt nach 2 Tagen wieder	Fischer u. a. (1976)
5,3 kV/m	21 d	Ratte, Maus	O_2-Verbrauch	O_2-Verbrauch steigt, ebenso Körpertemperatur, Herzfrequenz sinkt	Fischer (1976)
5,3 kV/m	21 d	Ratte	Temperatur, Noradrenalin	Temperatur sinkt, Noradrenalin steigt im Gehirn	Fischer u. a. (1978)

Tabelle 1 (Fortsetzung)

Feldstärke	Expositionsdauer	Tierart	Meßwert	Feldwirkung	Autor
100 kV/m	30 d	Ratte	Hormonhaushalt	alle Hormondrüsen und Blutflüsse unverändert	Free in Phillips (1978)
100 kV/m	30 d	Ratte	Corticosteronspiegel Blut	unverändert	Free in Phillips (1978)
20 V/m (!) (76 Hz)	3 Jahre	Affe	Blutwerte	Glukose, Transaminase und Transpeptidase gesenkt	Grissett (1979)
50 kV/m	6 Wochen	Maus	Blutwerte	Lymphocyten steigen. Corticoide, Erythrocyten, Hämatokrit unverändert	Graves u. a. (1979)
80 – 100 kV/m	611 h	Ratte	EKG, Herzfrequenz	unverändert	Hilton (1978)
160 kV/m	1500 h	Maus	Leukocyten Knochenmark	keine Änderung	Knickerbocker u. a. (1967)
1 – 15 kV/m	Langzeit	Ratte	Spurenelemente	Spurenelemente verändert, Phosphorylierung gestört	Koziarin u. a. (1978)
50 kV/m	100 d (8 h/d)	Kaninchen, Ratte	Blutwerte	Celluläre Elemente, Hb, Blutformel unverändert. Nach 100 Tagen Leukocyten vermehrt, Harnstoff steigt. Gerinnung unverändert	Le Bars (1976)
50 kV/m	1 – 6 Monate	Ratte Kaninchen	Blutwerte	Leukocyten steigen, Lymphopenie, Harnstoff, Ca, K steigen, Zucker sinkt (alles gering), Hämosiderose Milz	Le Bars u. a. (1978)
5 kV/m (60 Hz)	5 d	Maus	Erythrocyten	Zahl vermindert, Hämatokrit sinkt	Marino, Cullen u. a. (1980)
2 – 100 V/m (!)	28 d	Ratte	Vegetative Daten	Unveränd. Nahrungsmenge, H_2O-Aufnahme, Bluteiweiß, Glukose, Blutfette, Blutzellen	Mathewson u. a. (1979)

1 kV/m	1000 h	Maus	EKG, Blut	Herzfrequenz unverändert, PR-Abstand steigt, QRS etwas länger. Neutrophile Leukocyten steigen, Lymphocyten sinken nach 25 h, danach normal	MEDA u. a. (1974)
100 kV/m	30–60 d	Maus, Ratte	Blutwerte	Serum u. Immunoglobuline unverändert. Leukocyten sinken	MORRIS u. a. (1979)
50 V/m und 5,3 kV/m	?	Ratte	Herzfrequenz	sinkt bei beiden Gradienten	MÖSE u. a. (1977)
100 kV/m	15–20 d	Ratte	Blutwerte	29 Blutparameter unverändert	PHILLIPS (1978, 1979)
100 kV/m	120 d	Ratte, Maus	Blutwerte	Es steigen etwas Hb, Erythrocyten, Reticulocyten, es sinken Leukocyten, steigen aber bei Wiederholung. Alle Effekte inkonstant	RAGAN u. a. (1979)
80 kV/m	2×4 h	Ratte	Herz- und Atemfrequenz	Herzfrequenz steigt (21%), Atemfrequenz u. Blutdruck inkonstant, nicht signifikant	SCHAEFER, SILNY (1977) SILNY (1976, 1979)
5,3 kV/m	bis 64 d	Maus	Blutwerte	Erythrocyten u. Lymphocyten sinken, Leukocyten u. Hämoglobin unverändert	STRAMPFER u. a. (1979)
17 kV/m	83 Monate	Ratte	Grundumsatz, Blutwerte, Lebensdauer, Gewicht, Histologie der Organe	Alle Werte unverändert (Blut: Hb, Leukozyten, Azotämie, Blutzucker.) Gewichtszunahme etwas beschleunigt	STRUMZA (1971)
0,25 kV/m	3–6 h	Maus	Grundumsatz	unverändert (steigt erst bei 27–50 kV/m und 16 kHz)	SUNDERMANN (1954)
80 kV/m	500 h	Kaninchen	Kreislauf	Schlagvolumen, Herzfrequenz und Blutdruck unverändert	VEICSTEINAS u. a. (1975)
4,8 kV/m	8 d–20 d	Maus	Körpertemperatur u. Leberstoffwechsel nach Ende der Exposition	sehr wenig gesteigert	WAIBEL (1975)
100 kV/m	30 d	Ratte, Maus	Organbefund morphologisch	unverändert, Prostatitis bei Ratten, aber nicht signifikant, Leber Maus vergrößert	ZWICKER (1978)

denken müssen, daß Einflüsse auf elektrische Parameter nur durch Vergleich der Werte vor und nach Exposition beurteilt werden konnten, wenn man von den bei Silny, Kühne und Brinkmann erhobenen Daten absieht. Man wird ferner feststellen, daß positive Befunde fast nie unwidersprochen blieben.

Wie man den Daten der Tabelle 1 entnehmen kann, fanden sich nur wenige Meßparameter bei Tieren verändert: die Herzfrequenz steigt wenig, doch wird eine Sinusarrhythmie referiert, die erst nach Abschalten des Feldes beobachtet worden war (Blanchi u. a. 1973). Es war nämlich für fast alle Untersucher aus technischen Gründen unmöglich, während der Feldexposition bioelektrische Signale aufzunehmen, da die starken Felder zu hohe Störpotentiale entwickeln. Dies gelang erstmals Silny (1976) und, unter seiner Beratung, unserer Berliner Gruppe. Nachdem eine Beobachtung auch während der Einschaltung des Feldes möglich war, zeigte sich, daß nennenswerte Änderungen biologischer Meßwerte unter der Einwirkung auch hochgespannter Felder (bis 100 kV/m) nicht beobachtet werden konnten. Was wir in den Experimenten unserer eigenen Versuchsgruppen an Tieren fanden, läßt sich in 2 Arten von Beobachtungen unterteilen.

Im akuten Versuch sollte vor allem festgestellt werden, ob die lebenswichtigen Funktionen der Tiere beeinflußt wurden. Untersucht wurden Blutdruck, Atmung, Elektrokardiogramm (EKG), Elektroencephalogramm (EEG), Körpertemperatur bei 46 Katzen und 82 Ratten. Die Versuche erfolgten so, daß in 16stündigen Versuchen sich 4 Phasen zu je 4 Stunden folgten, in denen Feldeinwirkung und Feldlosigkeit abwechselten. Es zeigt sich nach Einschaltung des Feldes bei der Ratte in der Tat eine leichte Erhöhung der Herzfrequenz, z. B. um 21% im Mittel aus 18 Versuchen, wobei alle Daten elektronisch gespeichert und gemittelt wurden. Auch Atemfrequenz und Blutdruck zeigen leichte Veränderungen ohne biologische Bedeutung (Silny 1976). Die Ergebnisse beweisen, daß Ratten die Einschaltung des Feldes wahrnehmen. Es läßt sich leicht zeigen und wurde von Gary in einem Film unmittelbar sichtbar gemacht (Cabanes, Gary 1981), daß die Haare der Tiere im elektrischen Feld von 50 kV/m durch elektrostatische Aufladung mit der Frequenz 50 vibrieren. Diese Vibration, die bei den langen Tasthaaren an der Schnauze der Tiere besonders deutlich ist und auch mit bloßem Auge gut beobachtet werden kann, regt die Tiere verständlicherweise etwas auf, da ein ihnen völlig unverständliches Signal aufgedrückt wird, die an den Tasthaaren normalerweise auftretenden Reize aber hohe biologische Bedeutung zu haben pflegen.

Alle Effekte verbleiben im Rahmen normaler, physiologischer Schwankungen. Selbst die Exposition in extrem starken Feldern (447 kV/m!), über 45 Tage, bei Vorliegen von höher frequenten Schwingungen, die niederfrequent (5 Hz) moduliert wurden, führte an Hunden zu keinerlei meßbaren biologischen Abweichungen der Blutwerte (Baum 1979), obgleich doch von Bioklimatikern gerade diese Formen elektrischer Felder für besonders wirksam gehalten werden, wie bei König u. a. (1981, S. 78 ff) zu lesen ist.

Großes Kopfzerbrechen machte uns das Verhalten der Körpertemperatur der Ratten. Wegen der zahlreichen Meßfühler, die an die Tiere angelegt werden mußten, war eine vorsichtige Fesselung unvermeidlich. Die Tiere wurden in eine durchlöcherte Teflon-Röhre gesteckt. Es zeigte sich, daß die Hauttemperatur dieser gefesselten Tiere im Feld stärker anstieg als im Kontrollversuch, die Rectaltemperatur aber nach einiger Zeit absank, auf Werte unterhalb der Hauttemperatur. Eine Erwärmung der Haut durch die Feldenergie wäre die einfachste Erklärung gewesen, schied aber aus rechnerischen Gründen aus und fand sich auch nicht in Kontrollversuchen.

Die Erklärung war endlich relativ einfach. Ratten sind Tiere, deren Temperaturregulation durch extreme Einflüsse sehr störbar ist. Die im Experiment vorgenommene Fesselung pflegt bei diesen Tieren die Hautdurchblutung so erheblich zu drosseln, daß die Rectaltemperatur allmählich auf den Wert der Umgebungstemperatur absinkt. Vom Kaninchen sind solche Effekte exakt beschrieben worden (GRANT 1950). Effekte dieser Art würden von Experimentatoren, welche die Physiologie solcher Tiere nicht genau kennen, vermutlich als deletäre Feldeffekte, mindestens aber als „Elektrostreß" gedeutet werden.

5.2 Kurzzeitversuche: Wirkungen auf „animale" Parameter

Einige merkwürdige Tatsachen werden vom Nervensystem gemeldet: Das isolierte Gehirn von Versuchstieren, das einem elektrischen Feld ausgesetzt wird, zeigt einen verminderten Ausstrom von Calcium-Ionen, und zwar schon bei schwachen Feldern (5 – 100 V/m) und intracerebralen Gradienten von etwa 0,1 μV/cm und Frequenzen von 1 – 32 Hz (BAWIN u. a. 1978). Früher war von derselben Forschergruppe gezeigt worden, daß pulsierende Felder hoher Frequenz von 20 – 60 mV/cm den Ca-Ausfluß steigern, obgleich im Gewebe nur 2,5 μV/cm abfallen (KACZMAREK und ADEY 1974). Es wird daraus geschlossen, daß die Neuronen des Gehirns für schwache Felder empfindlich sind. Entsprechend fand ADEY mit seiner Gruppe deutliche Wirkungen (Änderungen der Reaktionszeit und der Rhythmik) am Gehirn schon bei Feldstärken von 2 – 10 V/m (5 – 15 Hz) (ADEY u. a. 1975). Auch vom Menschen werden Reaktionen auf extrem schwache Felder berichtet (KÖNIG u. a. 1960, WEVER 1968), die wir weiter unten besprechen. Die Interpretation dieser Befunde ist extrem schwierig, zumal die entgegengesetzte Wirkung nur leicht variierter Felder auf den Ca-Ausstrom sich in keiner Hinsicht modellmäßig erklären läßt, die experimentellen Daten niemals von anderen Laboratorien bestätigt wurden und in den klaren Ergebnissen der Experimente anderer Autoren keine modellmäßige Deutung erfahren. Wir werden jedoch bei der Erörterung der Modelltheorie auf diese Befunde zurückkommen.

Wenn das gesamte Haarkleid der Tiere vibriert, so ist ein Einfluß auf das EEG selbstverständlich. An Katzen konnte das EEG mit Hilfe intracerebral angelegter Dauerelektroden, nach einer von STOCK angewandten Methode, fortlaufend und erstmals auch *während* der Feldeinwirkung registriert werden (SILNY 1976). Es wurden 3 Regionen des Gehirns (linke und rechte Hirnrinde, Thalamus und Hippocamus) abgeleitet und einer Leistungs-Spektralanalyse unterzogen,

Tabelle 2. Wirkungen von 50 – 60 Hz elektrischen Wechselfeldern auf Säugetiere. Verhaltensveränderungen, zentralnervöse Effekte. (h = Stunden, d = Tage)

Feldstärke	Expositionsdauer	Tierart	Meßwert	Feldwirkung	Autor
< 500 kV/m	Tage	Maus	Bewegung	Fluchtreaktion	Altmann und Warnke (1978)
80 kV/m	Langzeit	Küken	Verhalten	kein Einfluß	Bankoske u. a. (1978)
70 kV/m	22 d	Küken	Motorik	nach 22 d Exposition, vom Schlupftag an, motor. Aktivität vermindert	Bankoske u. a. (1978)
40 – 80 kV/m	21 d	Küken	EEG	nach Ende der Exposition: kein Effekt	Bankoske u. a. (1978)
–	–	Taube	Wahrnehmungsschwelle	37 kV/m	Bankoske u. a. (1978)
100 kV/m	30 Min.	Meerschwein	EEG	Langsame Wellen niedriger, Spindelzahl wächst, kurzzeitige Desynchronisation	Blanchi u. a. (1973)
100 kV/m	1 Jahr	Ratte	Verhalten	Gesamtaktivität sinkt, Rhythmik unverändert. Nicht-Feld zum Aufenthalt bevorzugt	Brinkmann (1976)
bis 100 kV/m	akut	Ratte, Maus	Haarvibration	sichtbar ab 50 kV/m	Cabanes, Gary (1981)
80 kV/m	24 d	Küken	EEG	unverändert	Carter, Graves (1975)
5 kV/m	3 Mon.	Ratte	Hirnmorphologie	Dystrophie, Gefäßschäden	Dumanskij u. a. (1976)
45 kV/m	akut	Taube	Schwelle der Verhaltensänderung (Picken)	37 – 45 kV/m	Graves (1977)
100 kV/m	30 d	Maus	Hirnmorphologie, Blut-Hirn-Schranke	unverändert	Hampton (1978)

110 kV/m	akut und Langzeit	Ratte	Verhalten	Tier meidet das Feld, Aktivität steigt	Hilmer u. a. (1970)
90 – 105 kV/m	akut	Ratte	Verhalten	bevorzugen feldfreien Raum, aber noch nicht bei 60 – 75 kV/m! Aktivität unverändert	Hjeresen (1978)
100 kV/m	30 d	Ratte	isoliertes Ganglion	nach Exposition isoliert, kein Effekt (vielleicht leichte Erregbarkeitssteigerung, als Erhöhung des Aktionspotentials gemessen)	Jaffe (1978)
100 kV/m	30 d	Ratte	Leitungsgeschwindigkeit in Ganglien, Nerven, isoliert nach Exposition	Erregbarkeit etwas gesteigert, Leitungsgeschwindigkeit in Nerven sinkt etwas, aber nicht signifikant	Jaffe u. a. (1979)
50 kV/m	8 d	Kaninchen	Nahrungsaufnahme	am 1. Tag vermindert	Le Bars (1976)
18 kV/m	akut	Kühe	Verhalten	nicht beeinflußt	Lee u. a. (1979) Rogers u. a. (1979)
0,5 kV/m	akut	Meerschwein	EEG	Zunahme der Frequenz, Amplitude sinkt	Meda u. a. (1972)
0,8 – 1,2 kV/m	bis 5 Monate	Maus	Verhalten	Bewegung steigt im Dunkeln, sinkt im Hellen durch Feld	Moos (1964)
30 kV/m	akut	Zwergschwein	Schwelle der Verhaltensänderung	30 kV/m	Phillips (1976)
60 kV/m	akut	Ratte	Verhalten	Tiere meiden das Feld	Phillips (1978)
80 kV/m	2×4 h	Ratte	EEG während der Exposition	α- und β-Band zeigen gesenkte Leistung (60%)	Silny (1976, 1979) Silny und Schaefer (1977)
50 – 70 kV/m	akut	Ratte	Verhalten	Hebel zum Trinken werden seltener gedrückt	Spittka u. a. (1969)

welche die mittlere elektrische Leistung der 4 wichtigsten Frequenzbänder des EEG (α, β, δ und ϑ) wiedergibt. Es zeigt sich erwartungsgemäß, daß die mittlere spektrale Leistungsdichte in den α- und β-Bändern nach Einschaltung des Feldes von 60 kV/m um ca. 60% erniedrigt wird, und zwar während der ganzen Expositionszeit. Nach deren Ende geht die Leistungsdichte rasch auf die alten Werte zurück und übertrifft sie sogar. Im Prinzip finden sich diese Beobachtungen auch bei älteren Messungen (Blanchi u. a. 1973; Meda u. a. 1972), die methodisch deshalb weniger exakt sind, weil nicht während der Exposition gemessen werden konnte. Auch diese Feldwirkung ist restlos mit den starken Vibrationsempfindungen aus Tasthaaren und gesamtem Haarkleid erklärt. Wie stark diese Empfindungen sind, kann man im Selbstversuch leicht nachweisen. Steht man z. B. in einem ähnlich starken Felde aus dem Sitzen auf, so hat man das Gefühl, der ganze Kopf tauche in ein dichtes Wattenetz ein. Am Küken fand sich kein Einfluß auf das EEG (Bankoske u. a. 1978).

Die Ergebnisse sind in Tabelle 2 übersichtlich zusammengefaßt.

Rentiere meiden die Regionen, die von hochgespannten Leitungen überspannt sind (Klein 1971). Kühen scheint das Feld wenig auszumachen, doch mag es bei langen Expositionen Fertilitätsstörungen geben. Doch bestimmt keinesfalls das Feld allein den Aufenthaltsort der Tiere (Algers u. a. 1981), und 18 kV/m Feldstärke stören die Tiere nicht (Lee u. a. 1979; Rogers u. a. 1979). Tauben reagieren nach Bankoske u. a. (1978) erst auf 37 kV/m, doch findet sich auch die Angabe, daß Zugvögel schon in Feldern von 0,07 V/m und Magnetfeldern von 0,1 – 0,5 Mikrotesla in ihrer Orientierung gestört sind (Larkin u. a. 1977). Es ist unmöglich, diese Widersprüche aufzulösen.

Man kann durch Beobachtung der Verhaltensreaktion der Tiere übrigens auch die Feldstärke erschließen, bei der sie erstmals das Feld spüren. Sie lag bei Brinkmann (1976) für Ratten relativ hoch, bei 10 – 20 kV/m, und damit höher als beim Menschen, ein Unterschied, der vielleicht nur mit der geringeren Überhöhung der am Körper anliegenden Feldstärke bei Nagern, durch geringere Verzerrung des Feldes, zu tun hat.

5.3 Sinnesphysiologische Effekte an Tieren

Eine kurzzeitige Exposition kann nur solche Effekte hervorrufen, welche in der sofortigen Antwort eines für Felder empfindlichen „Receptors" bestehen, wobei der Begriff „Receptor" sehr weit gefaßt ist, etwa im Sinn der Pharmakologie. Es hat sich bei diesen Versuchen jedoch ergeben, daß die wichtigsten Receptoren die Sinnesorgane der Haarbälge sind. Es wird aus Versuchen mit Insekten wahrscheinlich, daß diese Tiere in ihre Chitinpanzer eingebaut noch andere, vermutlich empfindlichere Receptoren besitzen, mit denen sie sich in elektrostatischen Feldern orientieren können. Man hat neuerdings die sensationelle Feststellung gemacht, daß Fische, welche bestimmte Sinnesorgane (sog. Lorenzinische Ampullen) in der Haut besitzen, wie z. B. der Hundhai (Scyliorhinus canicula), extrem empfindlich auf äußere elektrische Felder, freilich im Wasser, reagieren (BROMM u. a. 1975, 1976). Man hat behauptet, die Schwellen-Feldstärke, welche diese Fische wahrnehmen könnten, sei 10^{-8} V/cm, ein unglaublich kleiner Wert (KALMIJN 1966), der sich freilich von späteren Untersuchungen nicht bestätigen ließ: diese fanden die niedrigste Schwelle bei 10^{-11} A Durchströmung bzw. einer Potentialdifferenz von 2 μV zwischen der Ampulle und dem geerdeten Umfeld. Diese Daten werden uns als Modell dienen, wenn die Grenze möglicher Wirkungen zur Rede steht (Lit. bei KALMIJN 1974; vgl. Kap. 7.3.7).

Es bedarf keiner Frage, daß alle diese experimentellen Ergebnisse zu folgenden Feststellungen führen:

- Elektrische Felder wirken an Tieren bei kurzer Exposition vermutlich meist über Receptoren, welche an Haaren oder anderen elektrostatisch leicht aufladbaren Strukturen sitzen und mechanische Effekte aufnehmen, die elektrostatisch ausgelöst sind.
- Es gibt freilich bei einigen Tieren Receptoren, welche elektrische Felder offenbar unmittelbar in Änderungen der Membranpotentiale dieser Receptoren umsetzen. Solche Receptoren sind höchst empfindliche, stark spezialisierte Instrumente der Orientierung. Ein biologischer Schaden kann durch ihre Erregung nicht erzeugt werden. Der Mensch hat solche Receptoren mit Sicherheit nicht in seiner Phylogenie entwickelt, wie die subjektive Erfahrung beweist: auch er erkennt Felder nur durch die von ihnen ausgelösten elektrostatischen Vibrationen an Haut[1] und Haaren.
- Die biologischen Wirkungen elektrischer Felder bei kurzer Expositionszeit sind (mit einer Ausnahme) sämtlich als durch diese Sinneserregungen induziert zu erklären.

5.4 Wirkungen langzeitiger Expositionen bei Tieren (Tabellen 1 und 2)

Für die Beurteilung der Unschädlichkeit elektrischer Felder sind Versuche mit langzeitiger Exposition dann entscheidend, wenn es einen pathogenen Mechanismus geben sollte, dessen Wirkung drei Bedingungen erfüllt:

- er müßte Gesundheitsstörungen auslösen oder mindestens ihre Auslösung begünstigen, d. h. ein Risikofaktor im Sinn der modernen Epidemiologie chronischer Krankheiten sein;
- seine Wirkung müßte sich in einem Zeitgesetz entwickeln, das bei beliebiger Form des Eintritts der Wirkung doch eine sehr lange Abklingzeit aufweist;
- die von einer Exposition ausgelöste Wirkung mit derart langer Abklingzeit müßte sich in ihrer pathogenen Potenz der nachhaltenden Wirkung voraufgehender Expositionen überlagern und summieren können.

---

1 Beim Berühren eines elektrostatisch aufgeladenen Gegenstandes kann eine Vibrationsempfindung auch an der trockenen, unbehaarten Haut entstehen, als Folge einer kapazitiven Aufladung.

Solche Wirkungen können nur chemischer Natur sein. Wir kennen keinen physikalischen Prozeß, der diesen Bedingungen entsprechen könnte. Wir haben bei unserem ersten Langzeitversuch an Ratten (BRINKMANN 1976; BAYER u. a. 1977) daher neben Änderungen des Verhaltens vor allem Indikatoren gemessen, welche auf schädliche chemische Wirkungen schließen lassen. Was wir fanden, bestätigte die bisher schon erhobenen Befunde: das Verhalten ändert sich wenig und offenbar nur induziert durch die Vibrationsempfindungen an den Haaren, und selbst dieser Effekt ist gering. So ließ sich z. B. die Aktivitätsrhythmik der Tiere, gemessen durch Registrierung der vom Tier ausgehenden mechanischen Impulse, durch das Feld nicht meßbar verändern, weder in ihrer Tag-Nacht-Rhythmik, noch in der Form der Bewegungsimpulse selbst. Nur die Gesamtaktivität (Summe aller Bewegungsimpulse) war im Feld etwas vermindert (um 23%) (BRINKMANN 1976). Das ist leicht dadurch erklärt, daß bei den benutzten hohen Feldstärken (100 kV/m) jedes Aufrichten der Tiere die auch von Menschen schon referierte kitzelartige Empfindung an den Haaren hervorruft. Eine Beeinflussung des zentralen Nervensystems läßt sich durch diese Ergebnisse ebensowenig erschließen wie durch die Tatsache, daß in Langzeitversuchen die Tiere das Feld meiden und sich häufiger im feldfreien Raum aufhalten, was alle Beobachter angeben (BRINKMANN 1976; HILMER u. a. 1970; PHILLIPS 1978; HJERESEN 1978). Bei Küken scheint dieser Vibrationseffekt das Verhalten nicht zu ändern (BANKOSKE u. a. 1978), vermutlich weil sie die sicher geringeren Exkursionen des Federkleids weniger beachten. Sinnesempfindungen ähnlicher Art sind es vermutlich auch, welche Ratten bei 50 – 70 kV/m veranlassen, Hebel, durch die sie Wasser erhalten, seltener zu drücken (SPITTKA u. a. 1969). Elektrostatische Effekte aller Art müßten extrem sorgfältig vermieden worden sein, wenn man solche Beobachtungen als biologische Feldwirkungen deuten wollte. Meist sind solche Vorsichtsmaßregeln nicht durchgeführt worden. Wie berechtigt diese Warnung ist, zeigen die Versuche von MARINO u. a. (1976), wonach die Anordnung des Feldes, durch welche solche elektrostatischen Effekte stark beeinflußt werden, alle diese Einflüsse auf das Trinkverhalten aufhebt (vgl. hierzu Kap. 4.3).

Die für Langzeitwirkungen erheblich wesentlicheren Indikatoren abnormer chemischer Prozesse erwiesen sich dagegen als unbeeinflußt: weder zeigte sich eine Änderung des Wachstums, dessen Kinetik ein besonders empfindlicher Indikator chemischer Einwirkungen ist, noch zeigte sich nach einem einjährigen ununterbrochenen Aufenthalt im Feld irgendeine Veränderung an der Anatomie der inneren Organe, weder makroskopisch noch mikroskopisch. Als einziger Befund ergab sich, daß die Zahl der Leukocyten im Blut exponierter Tiere um 30% vermindert war. Wir werden auf diesen Befund noch zurückkommen (BRINKMANN 1976).

Diesen sorgfältigen und völlig negativen Befunden von BRINKMANN (1976) entsprachen zahlreiche andere Beobachtungen insbesondere aus jüngster Zeit. Das Wachstum der Nagetiere ist unbeeinflußt (LE BARS 1976; MATHEWSON u. a. 1979; PHILLIPS 1978; CANTONE u. a. 1975; KNICKERBOCKER u. a. 1967; SIKOV u. a. 1979;

DURFEE 1975; SUNDERMANN 1954). Es finden sich freilich auch andere Angaben. Bei Küken ist z. B. die Wachstumszunahme im Feld (30 kV/m) vermindert (BOOTZ u. a. 1978; KRUEGER u. a. 1972; BANKOSKE u. a. 1978). Auch von der Maus gibt es abweichende Befunde bei MARINO u. a. (1976) und BANKOSKE u. a. (1976), die beide freilich entgegengesetzte Effekte finden. Bei Affen ist das Wachstum schon bei 20 V/m beschleunigt (GRISSET 1979), doch ist die Meßmethode schwer interpretierbar: den Tieren wird ein Strom durch ein spannungsführendes Fußgitter direkt zugeführt, der nach unserer Ansicht und unter Berücksichtigung der Messungen der intrakorporalen Feldstärken durch SILNY (1976) einer äußeren Feldstärke von rund 80 kV/m entspräche (vgl. Kap. 7.3.4.2).

Während bei Küken Sekundäreffekte vorliegen werden, indem die Tiere die relativ hohen Feldstärken spüren, ist die Angabe von GRISSETT wirklich schwer verständlich, zumal die Arbeit sehr sorgfältig und kritisch und zudem in einem guten Laboratorium durchgeführt wurde. Der Autor ist selbst ratlos. Vielleicht könnte der Effekt vom Hoden, der in Kontakt mit dem Boden kam und relativ stark hätte durchströmt sein können, verursacht sein. Ein Anhalt hierfür im Hormonspiegel des Serums fand sich aber nicht.

Bei Tieren sind vor allem auch die Generationsvorgänge mehrfach geprüft worden (Tabelle 3). Sorgfältige Arbeiten fanden sie unbeeinflußt (PHILLIPS 1978, 1979; CANTONE u. a. 1975; KNICKERBOCKER u. a. 1967; LE BARS 1975; CERRETELLI u. a. 1976; FREE 1978; COATE u. a. 1970). Die Mortalität stieg freilich bei der Maus in einer Beobachtung über 3 Generationen, bei kleiner Feldstärke von 1,5 kV/m (MARINO u. a. 1976, 1980), während LEUPOLD (1938) bei 3,16 kV/m fand, Mäuse hätten im Feld mehr Nachwuchs. Wie vorsichtig man spektakuläre Angaben beurteilen muß, solange sie ungeprüft sind, zeigte eine Behauptung von VARGA (1975), Hühnereier würden im Gleichfeld und bei 10 kHz geschädigt. Die Kontrolle (WITTKE u. a. 1977) ergab nichts dergleichen. Der Autor hatte offenbar die Behandlung der Eier nicht sorgfältig genug kontrolliert. ANDRIENKO u. a. (1977) fanden bei der Ratte eine gestörte Spermiogenese, CERRETELLI u. a. (1976) dagegen nicht. Das Sperma von Ratten war unbeeinflußt (SIKOV u. a. 1979).

Auch die Entstehung von Tumoren, die bekanntlich bei Nagern spontan relativ häufig vorkommen, ist geprüft worden. Sie war unbeeinflußt (STRUMZA 1971; ANDRÉ-FONTAINE 1980).

Die Nachkommenschaft erwies sich ebenfalls unverändert (SIKOV u. a. 1979; STRUMZA 1971), was die abweichenden Befunde von MARINO u. a. (1976, 1980) kritisch betrachten läßt. Eine höhere Teratogenität wurde nie festgestellt.

Von den soeben zitierten und unbestrittenen Langzeit-Effekten war eigentlich nur der Leukocyten-Befund das Resultat einer möglicherweise sich summierenden Langzeit-Wirkung. Das Verhalten der Tiere wird dagegen von Moment zu Moment beeinflußt und ist sofort nach Ausschaltung des Feldes wieder normal. Langzeit-Effekte kann es also schwerlich beweisen.

Eine Beeinflussung der Leukocyten findet sich in fast allen Versuchen, auch beim Menschen. Es ist schwer möglich, diesen Befund als Versuchsfehler wegzu-

Tabelle 3. Wirkungen von 50 – 60 Hz elektrischen Wechselfeldern auf Säugetiere und Hühnchen. Wachstum, generative Prozesse, Tumorrate, Immunität. (h = Stunden, d = Tage)

Feldstärke	Expositionsdauer	Tierart	Meßwert	Feldwirkung	Autor
5 kV/m	3,5 Monate	Ratte	Spermiogenese	reduziert (Spermiendichte sinkt)	Andrienko u. a. (1977)
50 kV/m	2,5 Monate	Maus	Immunität	nach der Expositionszeit unverändert	André-Fontaine (1980)
50 kV/m	2,5 Monate	Ratte	Tumorwachstum (induzierter Tumor)	ohne Einfluß	André-Fontaine (1980)
25 – 50 kV/m	6 Wochen	Maus	Gewicht	steigt stärker als Kontrolle	Bankoske u. a. (1976)
80 kV/m	3 Wochen	Küken	Wachstum	etwas verlangsamt, aber nur während, nicht *nach* der Exposition!	Bankoske u. a. (1978)
30 kV/m	43 Wochen	Küken	Wachstum, Verhalten, Generation	Eigengewicht anfangs unbeeinflußt, Zunahme später vermindert im Feld; Hähne im Feld aggressiver; Nachkommen normal	Bootz u. a. (1978)
100 kV/m	1 Jahr	Ratte	Wachstum	unverändert	Brinkmann (1976)
100 kV/m	48 d	Ratte	Fertilität u. Entwicklung	unbeeinflußt, auch histologisch	Cantone u. a. (1975)
100 kV/m	1 – 3 Monate	Ratte	Libido, Spermiogenese	unverändert	Cerretelli u. a. (1976)
20 V/m	48 h	Fruchtfliege	genet. Mutation	Mutation häufiger, aber Versuche noch nicht ausreichend	Coate u. a. (1975)
20 V/m	dauernd	Ratte	Generationsverhalten	unbeeinflußt	Coate u. a. (1970)

3,6 kV/m	Langzeit	Küken	Wachstum	kein Einfluß auf Wachstum und Schlupfrate der Küken (gegen Krueger u. a.!)	Durfee (1975)
100 kV/m	30 d	Ratte	Testis	Gewicht u. Durchblutung unverändert	Free in Phillips (1978)
20 V/m	3 Jahre	Affe	Wachstum	Gewichtszunahme beschleunigt	Grissett (1979)
1600 kV/m	1500 h	Maus	Wachstum, Fruchtbarkeit	unverändert	Knickerbocker u. a. (1967)
3,4 kV/m, 60 Hz und 16 kV/m	Langzeit (84 d)	Küken	Wachstum	verlangsamt, Fressen weniger im Feld, Verhalten unverändert. Hennen legen im Feld seltener	Krueger u. a. (1972)
50 kV/m	1 – 6 Mon.	Ratte, Kaninchen	Generation	keine teratogene Effekte, Generation normal	Le Loch u. a. (1975)
50 kV/m	1 – 6 Mon.	Ratte, Kaninchen	Wachstum	nur nach Infekten geringere Erholung, sonst unverändert	Le Bars u. a. (1978)
3,16 kV/m	4 Mon.	Maus	Reproduktion	Tiere hatten mehr Nachwuchs, darunter mehr Männchen	Leupold (1938)
15 kV/m	Langzeit	Maus	Generation	3 Generationen beobachtet: Mortalität steigt, Körpergewicht sinkt	Marino, Becker u. a. (1976)
15 kV/m	1 Mon.	Ratte	Gewicht	niedriger als Kontrolle	Marino, Berger u. a. (1976)
5 kV/m	14 d	Ratte	Frakturheilung	Frakturen heilen im Feld schlechter	Marino, Cullen u. a. (1979)
3,5 kV/m	Dauerexposition	Maus	Reproduktion	höhere Mortalität der Brut	Marino, Reichmanis u. a. (1980)

Tabelle 3 (Fortsetzung)

Feldstärke	Expositionsdauer	Tierart	Meßwert	Feldwirkung	Autor
2 – 100 V/m (45 Hz)	28 d	Ratte	Wachstum	keine konstante Veränderung	Mathewson u. a. (1979)
100 kV/m	30 d	Ratte	Wachstum der Knochen	Tibia, Lendenwirbel normal	McClanaham (1978)
0,8 – 1,2 kV/m	bis 5 Mon.	Maus	Mortalität	steigt etwas	Moos (1964)
100 kV/m	31 d	Maus, Ratte	Immunität	unverändert, aber die zellbezogene Immunität der *Haut* erheblich gesteigert. Aber *1979* findet sich der Effekt *nicht* mehr.	Morris, Ragan in Phillips (1978) Morris, Ragan (1979)
100 kV/m	15 – 20 d	Ratte	Wachstum, Reproduktion	unverändert	Phillips (1978, 1979)
100 kV/m	bis 30 d	Ratte	Reproduktion, Wachstum	Exposition nach der Geburt ohne Einfluß; Exposition ab Befruchtung: beschleunigte Entwicklung der Bewegung. Nachkommen normal.	Sikov u. a. (1979)
17 kV/m	83 Monate	Ratte	Tumorrate, Gestation, Nachkommenschaft	unverändert	Strumza (1971)
10 – 80 kV/m	22 d	Maus	Wachstum	unbeeinflußt	Sundermann (1954)
1 – 5 kV/m	Dauer der Reifung	Hühnerei	Wachstum	unbeeinflußt	Wittke u. a. (1975)

diskutieren. Wir werden weiter unten diese Leukocyten-Effekte eingehender besprechen.

Was sich in der Literatur sonst an Langzeit-Effekten findet (Tabellen 1 – 3), ist nicht unwidersprochen geblieben, wenn auch nicht jede einzelne Messung wiederholt worden ist. Der Stoffwechsel der Ratte fand sich gestört bei der Phosphorylierung, nebst einer Änderung der Spurenelemente (Koziarin u. a. 1978). Auch Waibel (1975) fand nach Ende einer Exposition im Gleichspannungsfeld den Stoffwechsel der exstirpierten Leber, freilich wenig, gesteigert, ebenso wie Fischer u. a. (1976) den O_2-Verbrauch von Nagetieren. Bei Affen scheinen Glukose und Eiweiß abbauende Fermente gesenkt zu sein (Grissett 1979). Der Harnstoff im Serum steigt, die Glukose sinkt bei Ratten und Kaninchen (Le Bars u. a. 1978). Für jeden dieser positiven Befunde gibt es Beobachtungen, die, bei gleicher Feldstärke und gleicher Tierart, keinerlei Wirkung der Feldexposition registrierten. Die Serumwerte, in breiter Palette, sind unverändert (Brinkmann 1976; Graves u. a. 1979; Philipps 1979), der Stoffwechsel ebenso (Chandon 1978; Strumza 1971). Die Hormone (Free 1978; Graves u. a. 1979) und die Fermente (Morris u. a. 1979) zeigen keinerlei Feldeinfluß, und zwar bei hohen Feldstärken. Daß kleine Feldstärken, wie 100 V/m, nichts machen, ist fast selbstverständlich (Mathewson u. a. 1979).

Über Corticosteron und die Indikatoren des Stresses sind so widersprechende Befunde vorhanden, daß dieses Problem in einem eigenen Kapitel (5.6) behandelt werden soll.

5.5 Kritische Besprechung der Tierversuche

Die Tierversuche bieten deshalb das zur Beurteilung der Feldwirkungen wichtigste Material, weil sie nicht nur sehr hohe Feldstärken, sondern insbesondere sehr lange Versuchszeiten aufweisen, die beim Menschen, unter experimentell kontrollierten Bedingungen, sicher niemals erreicht werden können. Wir müssen uns angesichts der Ergebnisse im Tierversuch folgende Fragen vorlegen.

Die Zahl widersprüchlicher Befunde ist relativ hoch, die der konstanten Befunde ist extrem klein. Wir werten dabei als „primäre“ Feldwirkungen alles das *nicht*, was durch Haarvibrationen oder Mikroschocks beim Trinken oder bei der Futteraufnahme offensichtlich erklärt ist. Hierzu gehören z. B. alle Phänomene der Raumwahl (Flucht vor dem Feld), der Gesamtaktivität, Änderungen des EEG (die immer in Richtung einer Weckreaktion (arousal) gehen, Trinkverhalten. Selbst scheinbare Änderungen des Stoffwechsels, sofern sie nur quantitativ sind (O_2-Verbrauch), sind leicht durch Bewegungsreaktionen erklärbar. Andere Stoffwechseländerungen sind schwer zu deuten, sind aber auch nicht widerspruchsfrei konstatiert worden. Auch Reaktionen der Herzfrequenz, insbesondere bei behaarten Tieren, sind selbstverständliche Effekte der einströmenden Sinnesreize von den Haaren.

Tabelle 4. Veränderung der weißen Blutkörperchen durch langfristige Exposition im elektrischen Feld. (In Klammern die Feldstärke in kV/m unverzerrter Bodenfeldstärke). Die Zitate sind aus Tabelle 1 leicht identifizierbar

Granulocytenzahlen		Lymphocytenzahlen	
steigen	sinken	steigen	sinken
BLANCHI u. a. Maus (100) LE BARS Kaninchen (50) MEDA u. a. Maus (1) CERRETELLI u. a. Ratte (10 – 100)	BRINKMANN Ratte (100)	GRAVES u. a. Maus (50)	BLANCHI u. a. Maus (100) LE BARS u. a. Kaninchen (50) MEDA u. a. Maus (1) STRAMPFER u. a. Maus (5) BRINKMANN Ratte (100)
unverändert oder inkonstant		unverändert oder inkonstant	
RAGAN u. a., Ratte (100) GRAVES u. a., Maus (50) KNICKERBOCKER u. a., Maus (160) STRAMPFER u. a., Maus (5)		RAGAN u. a., Ratte (100)	

Es mag, selbst bei langfristigen Effekten wie beim Verhalten der Nachkommenschaft über mehrere Generationen hinweg, Einflüsse durch Mikroschocks geben, die in der Verhaltensphysiologie in ganz anderem Zusammenhang gefunden wurden. BRIDGES und PREACHE (1981) berichten darüber (deren Tabelle IV).

Daß Befunde widersprüchlich sind, liegt offenbar an den Schwierigkeiten der Methode. RAGAN (1978) gibt eine hervorragende Dokumentation hierzu aus eigenen Experimenten: die Ergebnisse insbesondere der Leukocytenzählung waren in seinen Versuchen sehr inkonstant, doch insgesamt ohne eindeutiges Ergebnis. Doch sind Beobachtungen an Leukocyten so oft und mit gleichem Ergebnis gemacht worden, daß sie offenbar als reell betrachtet werden müssen (Tabelle 4). Danach scheinen die Leukocytenzahlen zu steigen, die Lymphocytenzahlen abzunehmen. Es ist aber bezeichnend, daß BRINKMANN (1976) aus unserer Arbeitsgruppe in sehr sorgfältigen Beobachtungen fand, daß die Leukocyten sinken. Die hohe Zahl von Beobachtungen ohne Effekt gibt weiter zu denken, widersprüchliche Befunde RAGANS in guten eigenen Experimenten noch mehr. Alle Effekte blieben in physiologisch üblichen Grenzen.

Sichere Feldwirkungen scheinen also über elektrostatische Effekte der Haut zu gehen. Vielleicht ist die Haut auch das für die Leukocyten-Reaktion verantwortliche Organ. Darauf könnte hinweisen, daß von allen Immuntesten nur ein Haut-Test (Sensibilisierung gegen Hämocyanin) eine starke Steigerung zeigt, als Indikator einer cellulären Immunität (MORRIS und RAGAN 1978).

Man kann also vielleicht sagen, daß über die Haut auch leicht variierbare Effekte auf die Leukocyten ausgeübt werden, die aber keine pathognomonische Bedeutung haben. Die Befunde sind zu gleicher Zeit widersprüchlich und belanglos. Bedeutung könnten sie nur im Rahmen einer Modelltheorie erhalten, über die wir unten berichten.

Wieweit die Widersprüche eine Folge mangelhafter Experimentierkunst sind, ist schwer entscheidbar. Mit Ausnahme der Befunde an Leukocyten scheint uns die Sachlage so, daß in der Regel die technisch aufwendigere Methode zu negativen Befunden gekommen ist.

5.6 Streß

In derjenigen Literatur, welche gerne Befunde für die Schädlichkeit hochgespannter Felder anführt (vgl. Kap. 2.3), wird immer wieder behauptet, solche Felder erzeugten Streß. Auch in öffentlichen Diskussionen wird diese Behauptung vorgebracht (KÖNIG 1976) und bringt naturgemäß eine gewisse Unruhe der Bevölkerung hervor. Es ist daher zweckmäßig, das Problem gesondert zu behandeln.

Streß als Begriff spielt eine steigende Rolle in der Lehre der Krankheitsentstehung, wobei eine beträchtliche Verwirrung der Begriffe entstand, über die wir andernorts ausführlich referiert haben (SCHAEFER und BLOHMKE 1977, SCHAEFER 1979). Daß Streß tatsächlich krankheitsauslösend wirkt, kann schwerlich bezweifelt werden (DODGE und MARTIN 1970, VON EIFF 1976, SCHAEFER und BLOHMKE 1977). Der Frage, ob elektrische Felder Streß auslösen, kommt also eine erhebliche Bedeutung zu. Da fast alle einschlägigen Resultate im Tierversuch gewonnen wurden, besprechen wir die Frage im Rahmen dieses Kapitels.

Der Begriff Streß wurde bekanntlich von SELYE (1950) eingeführt. Er sollte die Wirkung einer Vielfalt von schädlichen Umweltfaktoren und krankhaften Verläufen auf einen gemeinsamen Nenner bringen. Das schien dadurch möglich, daß streßartig wirkende Faktoren eine Reihe gleichartiger Reaktionen hervorrufen, die wie folgt angegeben wurden:

- Vergrößerung der Nebennieren mit vermehrter Ausscheidung von Nebennieren-Rinden-Hormonen (Corticoiden) und Adrenalin bzw. Noradrenalin (sog. Katecholaminen),
- Verminderung der Schilddrüsenfunktion,
- Steigerung der Blutgerinnung,
- Verminderung der eosinophilen weißen Blutkörperchen,
- Magengeschwüre.

Wir würden diese Liste heute vervollständigen und insbesondere die häufigere Entstehung von Krankheiten (ohne besondere Bevorzugung bestimmter Krankheitsformen) und solche Kreislaufreaktionen (Erhöhung von Pulsfrequenz und Blutdruck) dazunehmen, welche Folgen erhöhter Katecholaminausschüttung sind. Da mit Ausnahme der chemischen Bestimmung von Katecholaminen alle Streß-Indikatoren schwer bestimmbar sind, arbeitet übrigens die Streß-Forschung fast nur noch mit der Bestimmung der Katecholamine. Der wichtigste Indikator des Stresses, nach SELYES altem Konzept, ist aber die Vergrößerung der Nebenniere, vor allem ihrer Rinde, meßbar durch die dabei auftretende Erhöhung der Corticoid-Spiegel im Blut.

Die Forschung auf dem Gebiet der elektrischen Feldwirkungen hat nun in der Tat den Nachdruck auf diese Messung der Corticoide gelegt. Es zeigte sich, daß nach Einschaltung des Feldes bei der Maus sofort der Corticoidspiegel im Serum steigt, aber schon nach kurzer Zeit wieder sinkt und selbst bei tage- und wochenlanger Exposition unverändert bleibt (BANKOSKE u. a. 1978). Die Autoren beziehen diese Reaktion mit Recht auf die Orientierung des Tieres, das ihm unverständlich erscheinende Signale über die Haarvibrationen erhält (vgl. Kap. 4.3). Schon nach einem Versuch von 45 Minuten Dauer fand HJERESEN (1978) keine Erhöhung des Corticosterons mehr. Andere Autoren fanden länger dauernde Anstiege der Corticoide bei Nagetieren (BAUM u. a. 1975; BLANCHI u. a. 1973; NOVAL u. a. 1976), wobei NOVAL u. a. extrem niedrige Feldstärken benutzten (0,1 kV/m!). Dagegen finden sich bei MARINO, BERGER u. a. (1977) offenbar inkonstante Ergebnisse, und alle Arbeiten, die mit ersichtlich hohem Aufwand an Experimentierkunst arbeiten und insbeondere gut dokumentieren, finden bei Langzeit-Exposition nichts (FREE 1978; GRAVES u. a. 1979; HJERESEN (1978); MATHEWSON u. a. 1979; RAGAN u. a. 1979). Insbesondere die sehr sorgfältigen Arbeiten von FREE, HJERESEN und RAGAN u. a. widerlegen eindeutig jede Annahme, daß ein hochgespanntes Feld den Corticoid-Spiegel dieser Tiere erhöht. Auch das Organgewicht der Nebenniere ist unverändert, wobei allenfalls eine (nicht signifikante) Erniedrigung der Corticoide zu bemerken ist, gemessen gegen Kontrollen, nicht aber verglichen mit den scheinexponierten Tieren (FREE 1978).

Es bleibt die Frage, ob es andere Streß-Indikatoren gibt, welche ergiebiger wären. Abgesehen davon, daß der Corticoid-Spiegel das entscheidende Kennzeichen von Streß-Einwirkung ist, finden sich auch andere Streß-Zeichen nirgends verläßlich dokumentiert. Von Magengeschwüren ist nie die Rede, obgleich sie gerade beim Tier leicht auszulösen sind. Auch andere Streßfolgen, wie sie oben aufgezählt sind, fanden sich nicht. Das Gewicht der Schilddrüse ist ebenso unverändert wie der Thyroxinspiegel (FREE 1978). Zwar steigt angeblich das Noradrenalin im Gehirn bei der Exposition (FISCHER u. a. 1978), aber der Befund ist experimentell schwierig zu erhalten und noch schwerer deutbar. Eine Minderung der Leukocyten, insbesondere der eosinophilen, wäre ein gewisser Streß-Indikator, doch findet sich nichts dergleichen (GRAVES u. a. 1979; RAGAN u. a. 1979), obgleich die Suche sehr exakt war. Es wird sogar ein Ansteigen der Eosinophilen berichtet (BLANCHI u. a. 1973).

Wie wir unten erörtern werden (Kap. 6), sind analoge Messungen auch am Menschen gemacht worden, freilich mit sehr viel kürzeren Beobachtungszeiten. Auch hierbei fand sich keinerlei Anzeichen einer Streß-Reaktion.

Nun ließe sich einwenden, daß sich schwache Streß-Reaktionen auch aus indirekten Indikatoren erschließen ließen. Marino, Cullen u. a. (1979) haben z. B. den Versuch gemacht, die Heilungsgeschwindigkeit experimenteller Frakturen im Feld als Maß einer Streßreaktion zu benutzen, und finden in der Tat verlängerte Heilungszeiten. Ihr Argument, bei zwei Stressoren summiere sich deren Einfluß, ist aber sehr schwach, denn die unbestreitbaren sensiblen Impulse aus den Haaren der Tiere ändern, wie man weiß, deren Mobilität (Tabelle 2), was wieder die Heilung stark beeinflussen muß. Die Blutgerinnung steigt im Streß, sie steigt auch beim menschlichen Blut im Feld (Jacobi 1979), doch ist der Befund nur bei Spherics bestimmter Frequenz zu erheben und methodisch sehr störanfällig. Änderungen der Herzfrequenz und des Blutdrucks sind im akuten Versuch leicht durch die Versuchssituation und die Haarvibrationen erklärbar. Wir selbst fanden solche Effekte (Silny 1976; Schaefer und Silny 1977). Sie sagen nichts über Streß aus. Auch daß behaarte Tiere das Feld meiden, hat nur mit den ausgelösten Sensationen, sicher nichts mit Streß zu tun (Tabelle 2).

Es bleibt nur noch der Nachweis, daß Felder über den Streß häufiger Krankheit auslösen. Diesen Effekt kann man nur am Menschen mit epidemiologischen Methoden messen. Das Ergebnis mehrerer Studien ist negativ, wie unten gezeigt wird (Tabelle 8, Kap. 6.2.2.2). Auch hier ist ein „Elektrostreß“ nicht nachweisbar.

Es muß daher mehr als seltsam berühren, wenn Wissenschaftler wiederholt gedankenlos und unbegründet vom Streß sprechen, der von elektrischen Feldern ausgelöst wird. Die Folgen spürt man an den immer häufiger werdenden Anfragen, wie man sich vor diesem Streß schützen könne.

6 Systematische Beobachtungen am Menschen

Systematische Beobachtungen am Menschen sind mit experimentellen Anordnungen erst angestellt worden, nachdem durch Tierversuche die Unschädlichkeit der Felder relativ sicher erwiesen war. Derartige Experimente sind freilich bislang nur von wenigen Arbeitsgruppen in der Welt durchgeführt worden, während der weitaus größere Teil der Beobachtungen am Menschen epidemiologischer Art ist. Epidemiologisch bedeutet in diesem Zusammenhang, daß die zufällige (und nie genau feststellbare) Exposition im Feld durch den Beruf getestet wurde. Akute Versuche (die nie über mehr als Stunden oder Tage verliefen) testeten den exakten Einfluß auf die wesentlichsten biologisch-medizinisch interessanten Meßgrößen, während die epidemiologischen Befunde vorwiegend die Befindlichkeiten und die allgemeinen Störungen und Krankheiten zum Gegenstand hatten. Beide Beobachtungsmethoden verfolgen also recht unterschiedliche Ziele. Wir wollen sie daher gesondert abhandeln.

Tabelle 5. Wirkung von 50 Hz elektrischen Feldern auf die vegetativen Funktionen des menschlichen Körpers. (Falls nur die wirksame Spannung bekannt ist, ist diese statt der Feldstärke in Klammern angegeben, in kV) (Akute Versuche mit experimenteller Anordnung)

Feldstärke in kV/m (Spannung kV)	Expositions-dauer	Methode	Meßwert	Feldwirkung	Autor
ca. 30	5 h	I	Blutwerte	zahlreiche biochemische Meßwerte im Blut unverändert	Amon (1977)
15 – 16	2×6 h	I	EKG, Stoffwechsel	keine sicheren Effekte	Dumanskij u. a. (1977)
200 μA, Verschiebestrom direkt zugeführt	3 h	I	EKG, Blutdruck, Puls	unverändert	Eisemann (1975)
(440)	8 h	I	Pulsfrequenz	sinkt	Fole (1974)
7 – 15	?	I	Spurenelemente	Exkretion vermindert	Gabovich u. a. (1977)
20	Stunden	I	EKG, Blutdruck, Herzfrequenz, Blutwerte, Gerinnung	unverändert bis auf kleine Senkung der Herzfrequenz und leichte Steigerung der Leukocyten	Hauf (1974, 1976)
0,4 V/m (!) in Klimakammer	akut	I	Thrombocyten-Adhäsivität	nur Spherics, 10 Hz, steigern die Adhäsivität, 200 V/m bis 400 V/m	Jacobi (1979)
20	2×6 h	I	Kreislauf, Blutwerte, EKG, Körpertemperatur	unverändert bis auf geringe Steigerung der Blutkörperchen-Senkung und der Leukocytenzahl	Kühne (1979)
5 – 15	1 – 2 h	I	EKG, Kreislauf, Gerinnung	Wenckebach-Perioden, PQ verlängert, Gerinnung, Blutdruck, Puls wenig erhöht	Sundermann (1954)
3	akut	I	EKG, Herz, Blutdruck, Hautwiderstand	Herzfrequenz geändert (wie?), Blutdruck steigt etwas, Hautwiderstand sinkt	Takagi u. a. (1971)
6 (40 kV/m am Kopf)	akut	I	EKG, Blutdruck, Blutgase	Herzfrequenz sinkt nach Abschalten; Blutdruck und Blutgase unverändert	Waibel (1975); Waibel und Schuy (1978)
2,5 V/m (!) 10 Hz-Impulse	1 Woche	I	Circadiane Rhythmik	Tagesperiode verkürzt	Wever (1968)

6.1 Akute Versuche mit experimenteller Anordnung (Tabelle 5)

Methodisch wurde so vorgegangen, daß (meist jugendliche) Versuchspersonen zwei Tage lang jeweils 6 – 8 Stunden in einer Kabine einer Feldstärke ausgesetzt wurden, welche bei 2 – 64 kV/m lag, mit dem Schwerpunkt von 20 kV/m. Die Versuchspersonen saßen in geräumigen Kabinen (Hauf 1974; Kühne 1979), konnten sich während der Exposition frei bewegen und beschäftigen und wurden bei Kühne (1979) auch während der Feldeinwirkung durchgemessen, einschließlich so empfindlicher Biosignale wie EKG oder EEG. Wir wissen durch diese Kühneschen Experimente erstmals exakt über elektrophysiologische Abläufe im Feld Bescheid.

Die Durchführung der Versuche als Blindversuche, derart, daß die Probanden selber nicht wußten, ob das Feld einwirkte oder nicht, erwies sich als unmöglich. Selbst wenn Haarvibrationen durch eine Kopfkappe und einen Ganzkörper-Trikot ausgeschaltet schienen, blieb ein Feld über der Wahrnehmungsschwelle leicht wahrnehmbar. Da die Schwelle bei vielen Menschen schon bei 2 kV/m, bei den meisten um 10 kV/m liegt (Cabanes 1981; Kühne 1979), sind gerade die für unser Problem interessanten Feldstärken nicht im Blindversuch zu testen.

Das Ergebnis der Laboruntersuchungen ist mindestens bei den beiden wichtigsten Untersucher-Gruppen, den von Prof. Hauf in Freiburg und den von uns (Prof. Brinkmann und mir) geleiteten, völlig gleichartig. Es fanden sich Einflüsse nur bei

- der Zahl der weißen Blutkörperchen; sie stieg durch eine mehrtägige Exposition im Feld (20 kV/m unverzerrte Feldstärke) an (Hauf 1974, 1976; Kühne 1979);
- im EEG ändert sich das sog. Power-Spektrum zugunsten höherer Frequenzen („Weckeffekt“) (Kühne 1979; Waibel 1975).

Alle anderen Tests blieben in den sorgfältigen Beobachtungen bei Hauf (1981, 1980, 1976, 1974), seinen Mitarbeitern (Amon 1977, Eisemann 1975, G. Hauf 1974, Hauf und Wiesinger 1973, Rupilius 1976, Wiesinger und Utmischi 1975) und in unserer eigenen Gruppe (Kühne 1979) ohne jede Wirkung auf eine große Zahl von Meßwerten. Unverändert blieben: Blutbild (mit Ausnahme von Leukocyten), Blutfette, Blutzucker, Hämoglobin, Ionen im Serum, Quick-Test (hierzu einige Ausnahmen in der Literatur, s. u.), Transaminasen.

Ferner fand sich in der Gruppe Hauf ebenso wie bei uns kein Einfluß auf die üblichen Kreislaufdaten und das EKG.

Negative Ergebnisse erzielten auch einige andere Untersucher: EKG und Stoffwechsel zeigten keine sicheren Beeinflussungen (Dumanski u. a. 1977); der Kreislauf blieb bei Sundermann (1954) unverändert, ebenso (mit Ausnahme der Herzfrequenz) bei Waibel (1975). Die Leistungsfähigkeit war nicht beeinträchtigt (Johansson u. a. 1973).

Nur wenige Autoren haben in ähnlichen Beobachtungen am Menschen positive Befunde erhoben: Senkungen der Pulsfrequenz (Fole 1974, Waibel 1975) oder doch Schwankungen derselben (Takagi u. a. 1971); geringe Steigerungen des Blutdrucks (Takagi u. a. 1971) oder leichte kardiovasculäre Störungen (Cabanes 1976); die Spurenelemente werden verzögert ausgeschieden (Gabovich u. a. 1977); die Gerinnung wird aktiviert, aber offenbar nur unter dem Einfluß niederfrequenter (10 Hz) Spherics (Jacobi 1979), denn die Beobachtungen Sundermanns gleicher Art unter 10 – 1000 Hz Wechselstrom betrafen nur 4 Versuchspersonen und werden von ihm selbst nicht als beweisend angesehen. Eine Steigerung der Reaktionszeit fand Hauf (1974), aber der Befund wurde von ihm nie mehr bestätigt, und unsere eigenen eingehenden Messungen mit verschiedenen Reaktionsformen verliefen ausnahmslos negativ (Kühne). Hamar (1968) beschreibt zwar auch eine Veränderung der Reaktionszeit auf Hörreize, in schwer durchschaubarer Weise. Sazonova (1971), eine russische Autorin, fand die Bewegung gestört, aber nur bei Überschreiten von 80 μA Verschiebungsstrom. Unter 10 kV/m fand aber auch diese Autorin keinen Einfluß auf die Befindlichkeit.

Die ganze Forschungskampagne um die Wirkung elektrischer Felder begann, wie einleitend dargelegt wurde, mit der Beschreibung gestörter Befindlichkeiten. Ich habe daher selbst einen Fragebogen entworfen, der die von den russischen Autoren referierten Befindlichkeitsstörungen in akuten Versuchen unter hoher Feldbelastung (20 kV/m) abfragte. Es fand sich als einziger Befund, bei signifikanter Abweichung von den Kontrollen, „Eingenommensein im Kopf" (Kühne 1979), neben den bekannten und verständlichen Sensationen durch Vibration der Haare. Natürlich ist die Expositionszeit kurz und widerlegt nicht epidemiologische Feststellungen an langzeitig Exponierten. Letztere müßten aber dann auf einem Summationseffekt beruhen, wofür nichts in den Dokumentationen selbst oder in Modellüberlegungen spricht.

Ein sehr merkwürdiger Befund muß freilich erwähnt werden. Er spielt in der Diskussion unter Fachleuten eine große Rolle: Wever (1968) fand eine Verkürzung der circadianen Rhythmik in einer Klimakammer unter 2,5 V/m Feldstärke, aber bei Impulsen von 10 Hz Frequenz. Wie diese extrem schwache Feldstärke wirken soll, bleibt völlig offen. Auch Wever selbst gibt keine Erklärungsversuche.

Abschließend darf also wohl gesagt werden, daß eine große Zahl sehr exakt vorgenommener Tests keine Änderung ergab, die nicht (wie Kribbeln oder EEG) durch Haarvibrationen erklärbar wären. Was von einigen Beobachtern konstatiert (und von anderen nicht bestätigt) wurde, sind aber auch nur belanglose Effekte, sämtlich im Rahmen der physiologischen Schwankungsbreite liegend. Unklar bleiben Effekte bioklimatologisch orientierter Versuche mit Spherics und 10 Hz Modulation, die (wie die gesteigerte Thrombocyten-Adhäsion von Jacobi) vielleicht eine gewisse klinische Bedeutung hinsichtlich der Klima-Einflüsse haben, sich aber im Versuch unter 50-Hz-Feldern nicht bestätigten (Kühne 1979) und auch in den epidemiologischen Ergebnissen keine Stütze finden (s. u.). Würde man freilich diese Versuche so angelegt haben, daß der Einfluß der Versuchszeit selbst nicht ausgeschaltet wird, so würde man Resultate finden, welche von der Zeit, nicht aber vom Feld abhängen. Ein Teil der positiven Befunde mag in solchen Versuchsfehlern begründet sein. Je exakter die Versuchsanwendung, desto geringer die Effekte.

6.2 Langzeitbeobachtungen am Menschen

6.2.1 Methodische Vorbemerkungen

In einer kurzzeitigen Exposition werden solche Effekte der Felder nicht gefunden werden, die entweder eine lange Latenzzeit zwischen Exposition und Effekt aufweisen oder einer Summation von Wirkungen zuzuschreiben sind, welche bei kurzzeitigen Expositionen unterschwellig bleiben würden. Es muß freilich betont werden, daß es für derartige Summationen keine Modellvorstellungen gibt. Wir werden später (Kap. 7.3.5) hierauf eingehen.

Die Effekte langzeitiger Einwirkungen sind am Menschen nun sehr schwer zu testen. Eine rein experimentelle Anordnung, bei der Versuchspersonen über Wochen oder gar Monate unter konstanten Feldbedingungen gehalten und dabei regelmäßig untersucht werden, ist nicht realisierbar, da es keine Versuchspersonen gibt, die eine solche Prozedur über sich ergehen ließen. Die längste streng experimentelle Expositionsdauer findet sich m. W. in den Versuchen von KÜHNE, die in Kap. 6.1 geschildert wurden und 2 mal 8 Stunden nicht überschritten. Eine Möglichkeit, die Wirkung längerer Expositionen zu prüfen, bietet also nur eine epidemiologische Methode, die in zwei Variationen möglich ist, aber nur die unter Freileitungen oder in Schaltanlagen arbeitenden oder wohnenden Menschen erfaßt. Hierbei bleibt das Ausmaß der Exposition immer ungewiß und läßt sich nur in ungefähren Werten für den einzelnen Arbeiter angeben. Nach DENO (1979) resultierten z. B. 5 – 20 kV/m/h in der Woche, und LÖVSTRAND u. a. (1979) fanden, daß die Exposition bei den üblichen Arbeitsverrichtungen meist unter 5 kV/m bleibt und nur selten über 15 kV/m ansteigt. Insbesondere sind die Expositionspausen, welche zur Testung eventueller Summationseffekte wesentlich wären, meist nicht bestimmbar und sind nie dokumentiert worden. In diesen Pausen aber würden sich die Effekte, deren Summation zur Rede steht, zum Teil oder ganz zurückbilden.

Es lassen sich die folgenden Versuchsformen unterscheiden. Welche Studie mit welcher Methode durchgeführt wurde, ist in den Tabellen 5 – 10 jeweils gesondert vermerkt.

Methode I: Es wird unter experimentellen Versuchsbedingungen in einem relativ kurzzeitigen Versuch ein Meßprogramm abgewickelt: diese akuten Versuche sind in Kap. 6.1 geschildert worden.

Methode II: An einer exponierten Gruppe von Menschen werden Meßwerte experimentell erhoben und mit den gleichen Werten von Kontrollpersonen verglichen.

Methode III: An einer exponierten Gruppe werden durch Befragung oder klinische Beobachtung bestimmte Abweichungen festgestellt, deren Abnormität vorausgesetzt wird. Ein Vergleich mit Kontrollen findet nicht statt.

Methode IV: Es werden wie mit Methode III Besonderheiten festgestellt, aber durch Vergleich mit einer Kontrollgruppe als abnorm definiert. Insbesondere werden direkte Gesundheitsindikatoren angewandt: Krankenstände, Häufigkeit der Arztbesuche, Höhe des Medikamentenverbrauchs.

Methode V: Man stellt Abnormitäten fest, setzt ihre Häufigkeit aber in Beziehung zur Stärke der Felder oder der Dauer der Exposition.

6.2.2 Ergebnisse der klinischen Testung

6.2.2.1 Befindensstörungen (Tabelle 6)

Wie schon in Kap. 2.1 beschrieben wurde, entstand das Problem der Wirkung elektrischer Felder aus Beobachtungen an einer Gruppe von Arbeitern, deren Verhalten medizinisch auffällig wurde. Angaben der Art, daß man „Auffälligkeiten" beschreibt, sind in sich selbst wenig beweisend. Wir wiesen schon auf die Ähnlichkeit der beschriebenen subjektiven Beschwerden mit denen der sog. Dystonie hin, und Ulrich und Ferrin (1959) haben bereits vermutet, daß Symptome der von den Russen beschriebenen Art allein durch Schichtarbeit oder trockene Luft verursacht werden. Es bedürfte also einer schlußfähigeren Methode, wollte man solche Beschwerden der Feldwirkung anlasten. Eindrucksvoll wäre, wenn ein dem Feld exponiertes Kollektiv sich aus der Normalbevölkerung so herauslöste wie kein Kollektiv spezieller Arbeitsrichtung sonst. Solche Daten gibt es nicht. Eindrucksvoll wäre auch, wenn ein exponiertes Kollektiv mit einem Kontrollkollektiv verglichen werden könnte, das ähnliche Arbeiten, aber eben ohne Feldeinwirkung, verrichtet. Wo solche Beobachtungen leidlich exakt möglich waren, haben sich keine Unterschiede gezeigt (Knave u. a. 1979; Roberge 1976). Kouwenhoven u. a. (1967) fanden überhaupt keine der aus Rußland berichteten Beschwerden. Malboysson (1976, 1978) fand in wenigen Fällen Kopfschmerzen, aber ein Kontrollvergleich lag nicht vor. Man wird also diese wenig überzeugend dokumentierten Beschwerden (Asanova u. a. 1963, 1969; Fole 1972; Irivova u. a. 1977; Korobkova u. a. 1972) zunächst nicht sonderlich ernst nehmen können. Der Weg der experimentellen Prüfung der subjektiven Beschwerden ist mehrfach gegangen worden. Östliche Autoren waren auch hier tätig: Dumanski u. a. (1977) und Sazonova (1971) beschreiben Störungen des Befindens, der Seh- und Bewegungsfähigkeit in Abhängigkeit von der Feldstärke und Expositionsdauer (über 10 kV/m, über 10 min), die aber bei Kühne (1979, 1980) trotz umfangreicher Tests (Flimmerfrequenz, Reaktionszeiten, Befindlichkeitsprofil) nirgends bestätigt wurden, ebensowenig wie von Hauf und seinen Mitarbeitern (Hauf 1974, 1976; Bauchinger u. a. 1981; Rupilius 1976). Einzelheiten entnehme man Tabelle 6.

Schmerzreize, die bei Berührung leitender Gegenstände im Feld auftreten, sind Folgen kapazitiver Ausgleichsströme, die nur unter bestimmten Bedingungen auftreten und mit dem Problem der Feldwirkung direkt gar nichts zu tun haben. Unter 6 bzw. 5 kV/m scheinen selbst hierbei Effekte nicht aufzutreten (TAKAGI u. a. 1971; KRIVOVA u. a. 1975).

6.2.2.2 Vegetative Effekte (Tabellen 7 und 8)

Ähnlich negativ verliefen die Versuche, in exakten Erhebungen Gruppen feldexponierter Arbeiter mit Kontrollpersonen zu vergleichen, entweder dadurch, daß man die Kollektive einer eingehenden Untersuchung unterzog (Methode II) oder ihr gesundheitliches Verhalten (Arztbesuche, Krankenstand) mit Kontrollen verglich (Methode IV). Hierbei reichte das Spektrum der Beobachtungen also weit über das Subjektive hinaus. Wir wollen zunächst die Ergebnisse solcher Studien besprechen, welche (mit oder ohne Kontrollen) auf gesundheitliche Störungen hinweisen könnten (Methoden III – V). HOLT (1979) stellte z. B. durch eine Fragebogen-Aktion fest, daß Mitarbeiter von El.-Werken sehr selten über ihr Befinden klagen. KOUWENHOVEN u. a. (1967) fanden keinerlei Störungen des Befindens, trotz jahrelanger Exposition. Die üblichen fundamentalen vegetativen Funktionen sind unverändert (KNAVE u. a. 1979; SINGLEWALD u. a. 1973; MALBOYSSON 1976; NORDSTRÖM 1979; STOPPS 1979; CABANES 1976). Es ist insbesondere der Gesundheitsstand, wie er in Arztbesuchen und Krankenständen (wenn auch nicht exakt) faßbar wird, bei Exponierten und Kontrollen gleich (STRUMZA 1970), und insbesondere finden sich keine Unterschiede bei den gegen Gesundheitsstörungen sehr empfindlichen Meßwerten des Blutchemismus (BAUCHINGER u. a. 1981; MALBOYSSON 1976; ROBERGE 1976; STOPPS 1979), wenn wenige (und belanglose) Ausnahmen nicht gerechnet werden (Tabelle 8).

Diese vegetativen Befunde sind gut dokumentiert und verläßlich erhoben worden. Sie sind nur in zweierlei Hinsicht einer Ergänzung bedürftig: bei einigen Autoren finden sich abweichende Angaben, die wir für nicht verläßlich halten; bei einer anderen Gruppe von Autoren finden sich Befunde an Blutwerten, die der Diskussion bedürfen.

Was zunächst die abweichenden Angaben anlangt, so wird von Kreislaufreaktionen berichtet (Abweichungen des Blutdrucks und der Herzfrequenz), die schon deshalb nicht interpretierbar sind, weil diese Abweichungen nicht systematisch, d. h. unter epidemiologisch ausreichenden Kontrollbedingungen, erhoben wurden. Diese Kritik betrifft die Arbeiten von ASANOVA u. a. (1963, 1969), FILIPPOV (1972), IRIVOVA u. a. (1977) und KOROBKOVA u. a. (1972), wo ohnehin nur andere Autoren zitiert werden.

Diskussionsfähige Befunde scheinen nur in wenigen Fällen erhoben worden zu sein, und hierbei handelt es sich ausnahmslos um belanglose, auch von den Autoren selbst, als im physiologischen Schwankungsbereich liegend, bezeichnete Abweichungen von Kontrollkollektiven. So berichtet ROBERGE (1976) von einer Erhöhung der Glukose, Phosphatase und des Gesamteiweißes im Blut bei jahre-

Tabelle 6. Wirkungen von 50 – 60 Hz elektrischen Feldern auf die *Sensibilität* und *Befindlichkeit* des Menschen

Feldstärke bzw. (Spannung)	Expositions-dauer	Methode	Meßwert	Feldwirkung	Autor
?	Jahre	III	Potenz	gestört	ANDRIENKO u. a. (1977)
(400 – 500 kV)	Jahre	III	Befindlichkeit	Kopfschmerz, Ermüdung. Libido sinkt, Arbeitsfähigkeit beeinträchtigt. Reizbarkeit, Schlafstörung	ASANOVA, RAKOV (1969) ASANOVA (1963, 1968)
(380 kV)	Jahre	II	Stimmungstest, Verhalten	keine Wirkung	BAUCHINGER u. a. (1981)
2 kV/m	akut	I	sensorische Schwelle	liegt bei 2 kV/m, bei manchen Vp bis 25 kV/m	CABANES u. a. (1981)
15 – 16 kV/m	2×6 Stunden	I	Befindlichkeit	Kopfschmerz, Ermüdbarkeit u. Reizbarkeit gesteigert	DUMANSKIJ u. a. (1977)
(400 kV)	Jahre	III	Befindlichkeit	Schwindel, eingenommener Kopf, tanzende Bilder, Kraftlosigkeit, Brechreiz, Schlafstörungen	FOLE (1972)
hohe Spannungen	Jahre	III	Befindlichkeit	Mitarbeiter der Elektrizitätswerke haben sehr selten Klagen über Befinden	HOLT (1979)
(220 – 750 kV)	Jahre	III	Befindlichkeit	nervöse Asthenie	IRIVOVA u. a. (1977)

(400 kV)	Jahre	IV	Befindlichkeit, insbes. neurasthenische Symptome	kein Effekt	Knave u. a. (1979)
(500 kV) >5 kV/m	Jahre	III	Befindlichkeit	Störungen des ZNS, Potenzstörungen, Kopfschmerz, Wohlbefinden gestört	Korobkova u. a. (1972)
(138 – 345 kV)	Jahre	III	Befindlichkeit	keine Wirkung	Kouwenhoven u. a. (1967)
>5,2 kV/m	akut	I	Schwelle für Schmerz	bei Berührung geerdeter Gegenstände Schmerz ab 5,2 kV/m bei 80% der Vpn.	Krivova u. a. (1975)
10 und 20 kV/m	6 – 8 h, je 2 d	I	Befindlichkeit	eingenommener Kopf, Kribbeln an den Extremitäten, sonst unverändert	Kühne (1980)
(138 – 400 kV)	Jahre	IV	Befindlichkeit	Kopfschmerzen in wenigen Fällen	Malboysson (1976, 1978)
(735 kV)	Jahre	IV	Befindlichkeit	keine Wirkung, insbesondere hinsichtlich der russischen Befunde	Roberge (1976)
bis 64 kV/m	kurzzeitig	I	Befindlichkeit	unter 10 kV/m kein Effekt; darüber Störungen des Wohlbefindens	Sazonova (1971)
(500 kV) 3 – 12 kV/m	akut	I	sensorische Schwelle	Tragen eines Regenschirms unter der Leitung macht unter 6 kV/m nichts, 6 – 12 kV/m leichten Schmerz, über 12 deutlichen Schmerz	Takagi und Muto (1971)

Tabelle 7. Wirkung von 50–60 Hz elektrischen Feldern auf die vegetativen Funktionen des Menschen, mit epidemiologischen Methoden (II–V) ermittelt. (Falls nur die wirksame Spannung bekannt ist, ist diese statt der Feldstärke in kV, in Klammern angegeben)

Feldstärke oder (Spannung in kV)	Expositionsdauer	Methode	Meßwert	Feldwirkung	Autor
(400–500)	Jahre	III	Blut, Kreislauf	Änderungen der Kreislauffunktionen (Blutdruck, Puls, Leukocytose, Retikulocytose)	Asanova u. a. (1963, 1968)
(380)	Jahre	II	Chromosomen	Lymphocyten – Chromosomen unverändert	Bauchinger u. a. (1981)
5 kV/m	Jahre	III	Blut, Kreislauf	geringe funktionelle kardiovaskuläre Änderungen, geringe Änderung der Blutwerte	Cabanes (1976)
(500)	Jahre	III	Pulsfrequenz, Blutdruck	Abweichungen nach beiden Seiten	Filippov (1972)
(hohe Spannungen)	Jahre	V	Leukämie b. Kindern	kein Einfluß (gegen Wertheimer und Leeper)	Fulton u. a. (1980)
(220–750)	Jahre	III	Blutwerte	Erythrocyten- und Leukocytenzahl verändert	Irivova u. a. (1977)
(400)	Jahre	II	Blutsenkung, Blutwerte, Blutdruck, EKG, Gerinnung	unverändert	Knave u. a. (1979)

(138 – 345)	42 Monate	III	Blut, Kreislauf, Atmung	unverändert	Kouwenhoven u. a. (1967)
(500)	Jahre	III	Blut, Kreislauf	Ergebnisse von Asanova u. a.	Korobkova u. a. (1972)
(138 – 400)	Jahre	IV	Blut, Verdauung	unverändert	Malboysson (1976)
(400)	Jahre	IV	Kreislauf	unverändert	Nordström (1979)
(735)	Jahre	IV	EKG, Blutchemie	EKG unverändert, Glukose, Phosphatase, Gesamteiweiß erhöht	Roberge (1976)
> 10 kV/m (500)	Jahre	V	Blut, Kreislauf	Leukocytenzahl verändert, Puls verlangsamt, Blutdruckanstieg	Sazonova (1965, 1971)
70 – 470 kV/m (138 – 345)	Jahre	III	Klinische Befunde	normal	Singlewald u. a. (1973)
(hohe Spannungen)	Jahre	IV	Blutwerte, EKG	kein Unterschied zu Kontrollen	Stopps u. a. (1979)
(hohe Spannungen	Jahre	III	Asthma, Lungenembolie, Infarkt	vielleicht häufiger als bei der Durchschnittsbevölkerung	Utidjan (1979)
(hohe Spannungen)	Jahre	V	Leukämie der Kinder	Leukämie vermehrt unter hoher Stromstärke und Spannung	Wertheimer und Leeper (1979)

Tabelle 8. Wirkungen von 50 – 60 Hz elektrischen Feldern auf die allgemeine Gesundheit von Personen, die lange Zeit unter hochgespannten Feldern leben oder arbeiten. Ermittlung mit epidemiologischen oder klinischen Methoden. Alle Probanden waren jahrelang dem Einfluß hochgespannter elektrischer Felder ausgesetzt. Es sind nur die wirksamen Spannungen bekannt

Spannung (kV)	Beobachtung	Feldwirkung	Autor
Hochspannung	Befragung der Elektrizitätswerke nach Gesundheitsstörungen auffälliger Art der Mitarbeiter, die unter hohen Spannungen arbeiten	2% der Werke berichten, solche Störungen beobachtet zu haben	Holt (1979)
135 – 345	Gesundheitsschäden bei Arbeitern	nicht vorhanden	Kouwenhoven u. a. (1967)
138 – 400	Fehlzeiten, Krankenstand	kein Unterschied zu Arbeitern, die keiner Hochspannung ausgesetzt sind	Malboysson (1976) Malboysson und Bonell (1978)
Hochspannung	klinische Untersuchung von Arbeitern unter Hochspannung gegen Kontrollen (matched pair)	keine Differenzen	Stopps u. a. (1979)
200 – 400	Arztbesuche, ärztl. Hausbesuche, Medikamentenkonsum	gegen Kontrollen unverändert	Strumza (1970)

lang exponierten Arbeitern, die unter 735 kV arbeiteten. Nirgends sonst wird in der Literatur Vergleichbares untersucht, so daß eine Kontroll-Untersuchung bislang nicht existiert. Auch Cabanes (1976) spricht von kardiovasculären „Störungen“ geringen Ausmaßes und Änderungen der Blutwerte, leider ohne Einzelheiten anzugeben. Es scheint, daß beide Angaben dazu dienen sollten, die Belanglosigkeit eventueller Befunde hervorzuheben, ohne daß auf Feldwirkungen mit ihrer ganzen Problematik dabei abgehoben werden sollte.

Bei der Schwierigkeit, immer stark streuende Testergebnisse sicher zu interpretieren, vor allem ihren Wert als Indikatoren für krankhafte Prozesse richtig einzuschätzen, ist es begrüßenswert, daß man eventuelle gesundheitliche Folgen der Feldexposition mit einer direkten Methode (IV) geprüft hat: der Höhe der Krankenstände, der Arztbesuche und des Medikamentenverbrauchs. Es fand sich auch hierbei nichts (Malboysson 1976, 1978; Strumza 1970). Malboysson fand dabei sogar, daß Arbeiter, die unter hohen Spannungen zu arbeiten pflegen, geringere Fehlzeitraten aufwiesen als andere Arbeiter. In sorgfältigen klinischen

Untersuchungen fanden auch Stopps u. a. (1979) an 30 langzeitig exponierten Personen und Singlewald u. a. (1973) (freilich an nur 11 Personen) nichts.

Einer besonderen Besprechung bedürfen die Beobachtungen an exponierten Kollektiven, welche einer experimentellen Testung und einem Vergleich mit Kontrollen unterzogen wurden, indem man sie im Laboratorium besonderen Testverfahren unterwarf (Methode II). Sie unterscheiden sich von den Beobachtungen mit Methode III – V eigentlich nur durch die Systematik, mit der sie angestellt wurden. Gerade bei diesen besonders aussagekräftigen Versuchen fand sich nichts, was auf Feldwirkungen schließen ließe, obgleich ein Kollektiv langjährig exponierter Personen mit vom Feld unbeeinflußten Personen verglichen wurde. Es muß freilich zugegeben werden, daß es kaum Kontrollpersonen geben wird, die niemals für kürzere Zeit elektrischen Feldern ausgesetzt waren, so daß sich die Beobachtungen, strenggenommen, darauf beziehen, Menschen mit seltenen und zufälligen Expositionen mit solchen zu vergleichen, welche regelmäßig und häufig starken Feldern ausgesetzt wurden (Tabelle 7). Diese Testung, von Knave u. a. (1979) durchgeführt, ergab trotz des Einsatzes ganzer Testbatterien keinerlei signifikante Unterschiede in den Blutwerten, dem Blutdruck, dem EKG, der Gerinnung, dem EEG und der Testung auf neurasthenische Symptome. Ähnlich verfuhren, und mit gleich negativem Resultat, Kouwenhoven u. Mitarb. schon 1967.

Auch die akuten Versuche mit hohen Feldstärken (20 kV/m unverzerrte Bodenfeldstärke) ergaben nichts, wie eben geschildert wurde, bis auf eine freilich merkwürdig konstante Ausnahme: die weißen Blutzellen erweisen sich beim Menschen wie beim Tier als leicht beeinflußbar. Das hatten schon die russischen Kolleginnen behauptet (Asanova, Irivova, Sazonova), doch fanden Hauf (1976) und Kühne (1979) übereinstimmend eine Steigerung der Leukocyten, ein Befund, der sich nicht bei allen Autoren fand, z. B. nicht bei Knave (1979), Kouwenhoven u. a. (1967) und Malboysson (1976). Uns scheinen dennoch die Befunde von Hauf und Kühne überzeugend, zumal sie sich auch in den Tierversuchen, wenn auch inkonstant, fanden. Man entnehme das Detail den Tabellen 4, 5 und 7. Wir werden auf die mögliche Bedeutung dieses Befundes später eingehen (Kap. 7.1).

Tatsachen, die eine gewisse klinische Bedeutung haben könnten, sind die in Kap. 6.3 im Zusammenhang erörterten klinischen Daten einerseits, andererseits der Befund von Jacobi (1979), der im akuten Versuch gewonnen und im Kap. 6.1 referiert wurde: die Steigerung der Thrombocyten-Adhäsivität. Die Methode Jacobis ist freilich extrem anfällig gegen Störungen durch die äußeren Versuchsbedingungen. Die Adhäsivität der Thrombocyten hängt von den Oberflächenkräften in Capillaren ab, deren Beeinflußbarkeit schwer überschaubar ist. Die Versuche sind selbst zudem nie wiederholt worden, und sie finden auch keine Stütze in anderen Beobachtungen der Gerinnungsprozesse, die sich immer, in akuten Versuchen jedenfalls, als unverändert erwiesen (Kühne 1979; Knave u. a. 1979; Hauf 1974, 1976). Auch war das Versuchsergebnis Jacobis stark abhängig von der Frequenz des Wechselfeldes. Nicht 50-Hz-Felder erwiesen sich als wirksam, sondern

Felder von Spherics mit einer Impulsfolgefrequenz von 10 Hz. Es waren überdies schon Spannungen von 0,4 V/m wirksam. Kleinere Feldstärken blieben ohne Effekt. Der Effekt ist stark beeinflußbar durch solche Pharmaka, welche auch sonst Thrombocyten beeinflussen: diese Substanzen, der Versuchsperson kurz vor dem Versuch einverleibt, heben den Effekt der Felder auf.

Der Effekt ist derzeit theoretisch nicht erklärbar, hat aber sicher keine nennenswerte pathogene Bedeutung. Er könnte z. B. mit den erhöhten Leukocytenzahlen zusammenhängen, obwohl für beides ein Modell nicht existiert.

Völlig unerklärlich ist auch der Einfluß auf die circadiane Rhythmik, die wir oben schon erwähnten (Kap. 6.1). Menschen, die in einer Klimakammer eingeschlossen sind, ohne Kenntnis des wahren Zeitablaufs, verkürzen die an den vegetativen Werten leicht ablesbare tägliche Rhythmik in einem Feld von nur 2,5 V/m und der Wechselfrequenz eines Rechtecks-Verlaufs der Feldstärke von 10 Hz: Der Tag scheint sich für die Versuchsperson im Feld um Bruchteile einer Stunde zu verkürzen, freilich nachdem der „Tag" vorher durch Ausschaltung der natürlichen Felder auf 26,4 Std. verlängert worden war (WEVER 1968). Es beeindruckt vor allem die kleine wirksame Feldstärke, außerdem die ominöse 10-Hz-Frequenz, die nicht nur bei JACOBI, sondern auch sonst in der Klimaphysiologie häufig als effektiv bezeichnet wird (vgl. KÖNIG 1975, S. 109; KÖNIG u. a. 1981, S. 83).

6.2.2.3 Wirkungen auf die animale Sphäre (Tabelle 9)

Die Effekte an den animalen Funktionen des Menschen sind in ähnlich kontroverser Weise beschrieben worden wie die vegetativen. Vorwiegend russische Autoren schreiben von „funktionellen Störungen" des Nervensystems (TRIVOVA u. a. 1977) oder Störungen des Bewegens und Sehens (SAZONOVA 1971), die bei exponierten Kollektiven auftreten sollen, ohne daß die Beobachtungen methodisch einsichtig gemacht und die Dokumentation epidemiologisch exakt vorgenommen worden wären. Die Angaben sind um so eher als wertlos zu bezeichnen, als mehrere sorgfältige Erhebungen analoger Art ergebnislos verliefen. Das Verhalten wurde von BAUCHINGER u. a. (1981) mit verschiedenen Tests erfaßt (Reaktionszeiten, Stimmungstests, Pauli-Test) und mit Kontrollen verglichen. Auch KNAVE u. a. (1979) fanden keine neurasthenischen Abweichungen. Das EEG blieb normal (BAUCHINGER u. a. 1981; KNAVE u. a.; KOUWENHOVEN u. a. 1967), so wie es auch im akuten Versuch nicht nachhaltig beeinflußt wurde (Kap. 6.1). Daß unter der Feldwirkung selbst das EEG im Sinne einer Aktivierung der Hirnrinde verändert wird, ist die selbstverständliche Folge der Sinnesreize, die vom Feld über Haarvibrationen ausgelöst werden. Das wurde in technisch glänzenden Versuchen erstmals von KÜHNE (1974) festgestellt.

Psychologische und neurologische Tests zeigten keine Unterschiede zu Kontrollen (NORDSTÖM 1979).

6.2.2.4 Wirkungen auf generative Prozesse und Tumorwachstum (Tabelle 10)

In der Diskussion um mögliche Feldwirkungen spielt der Einwand eine gewisse Rolle, daß alle Tests an gesunden und meist jüngeren Personen vorgenommen

Tabelle 9. Wirkungen von 50 – 60 Hz elektrischen Feldern auf die animalen Funktionen des Menschen. Experimentelle und epidemiologische Resultate. (Falls die wirksamen Feldstärken unbekannt sind, stehen die wirksamen Spannungen, in kV, in Klammern)

Feldstärke (Spannung)	Expositionsdauer	Methode	Meßwert	Feldwirkung	Autor
(380)	Jahre	II	EEG, Verhalten	unbeeinflußt	Bauchinger u. a. (1981)
4 V/m (!)	akut	I	Reaktionszeit	auf Hörreize verändert	Hamer (1968)
20 kV/m	akut	I	Reaktionszeit, EEG	Reaktionszeit steigt im Versuch (geht aber nachher nicht zurück), EEG unverändert	Hauf (1974, 1976)
(220 – 750)	Jahre	III	Nervensystem	funktionelle Störungen	Irivova u. a. (1977)
100 kV/m	akut	I	Leistungsfähigkeit	unverändert	Johansson u. a. (1973)
(400)	Jahre	II	EEG, neurasthenische Symptome	keine Symptome, EEG unverändert	Knave u. a. (1979)
(135 – 345)	Jahre	III	Sehen, Hören, EEG	unverändert	Kouwenhoven u. a. (1967)
20 kV/m	2 × 6 h	I	Reaktionszeiten, EEG	unverändert; im EEG ist Ermüdungseffekt am Abend schwächer	Kühne (1979)
(400)	Jahre	IV	psychologische u. neurologische Befunde	normal	Nordström (1979)
Hochspannung	Jahre	V	Selbstmordhäufigkeit	anscheinend (doch noch unsicher) erhöht	Perry u. a. (1981) Reichmanis u. a. (1979)
16 kV/m	akut	V	Sehen, Bewegung	80 μA Verschiebungsstrom als Schwelle für Veränderungen des Sehens und der Bewegung	Sazonova (1971)
6 kV/?	akut	I	EEG	Leistung des Alpha-Bandes sinkt, des Theta-Bandes steigt	Waibel (1975)

Tabelle 10. Wirkungen von 50 – 60 Hz elektrischen Feldern auf die Tumorhäufigkeit und die Generationsprozesse beim Menschen. Epidemiologische Resultate (Methode II – V). Es sind nur die wirksamen Spannungen bekannt

Spannung/kV	Expositionsdauer	Methode	Meßwert	Feldwirkung	Autor
Hochspannung	Jahre	II	Chromosomen (sister-chromatid exchange)	kein Unterschied zu Kontrollen	Bauchinger u. a. (1981)
330 – 750	Jahre	IV	Geschlechtsbestimmung, Fehlgeburten, Erbschäden	keine Feldwirkungen feststellbar	Dyshlovoi u. a. (1979)
Hochspannung	Jahre	V	Leukämie bei Kindern	keine Abhängigkeit von der Stärke wirksamer elektrischer und magnetischer Felder	Fulton u. a. (1980)
138 – 345	42 Monate	III	Sperma, Tumorhäufigkeit	normal	Kouwenhoven u. a. (1967)
400	über 5 Jahre	IV	Geburtenzahl	bei Exponierten kleiner, weniger Knaben, doch bestand die Differenz zur Durchschnittsbevölkerung schon vor der Exposition	Nordström (1979)
400	Jahre	III	Kinderzahl, Fortpflanzung, Mißbildungen	exponierte Familien haben weniger Kinder; Väter haben häufiger Schwierigkeiten, ein Kind zu bekommen. Häufiger Mißbildungen	Nordström und Birke (1979)
400	Jahre	III	Leukocyten-Chromosomen	Hohe Tendenz zu „breaks", besonders bei Rauchern	Nordström und Birke (1979)
Hochspannung	Jahre	IV	Krebs	Vorstudie zeigt höhere Krebshäufigkeit (noch unbestätigt)	Utidjian (1979)
Hochspannung	Jahre	V	Leukämie bei Kindern	unter höherer elektrischer und magnetischer Feldstärke höhere Häufigkeit von Leukämie	Wertheimer (1980) Wertheimer und Leeper (1979)

wurden, daß aber gerade Vorgeschädigte und Kranke einen solchen Einfluß erwarten ließen. Dieser Einwand ist derzeit nicht zu entkräften, es sei denn durch die Tatsache, daß auch bei in der Nähe von Hochspannungsleitungen lebenden älteren Personen niemals etwas Auffälliges bemerkt wurde. Eine systematische Untersuchung liegt aber nicht vor.

Nun sollte der Einwand in gewisser Weise auch dadurch prüfbar sein, daß solche biologischen Vorgänge getestet werden, die sich gegen äußere Einflüsse insgesamt besonders empfindlich zeigen: Wachstumsprozesse. Zu ihnen gehört alles, was mit der Reproduktion zu tun hat: Spermiogenese, Zellchromosomen, genetische Prozesse aller Art, Mißbildungsrate, Fehlgeburten. Die Ergebnisse auf diesen Gebieten sind nun in der Tat nicht ganz so eindeutig wie die bei den Körperfunktionen der Erwachsenen.

Daß Potenzstörungen auftreten, wurde schon von den ersten russischen Autoren behauptet (Asanova 1963; Korobkova u. a. 1972). Auch aus Deutschland wurden solche Störungen, freilich am Einzelfall noch wenig glaubhaft, berichtet (Schirren 1978). Andrienko u. a. (1977) fanden in der Tat eine gesenkte Spermienkonzentration und weniger lebende Spermien mit Zunahme atypischer Formen bei Exponierten. Nordström und Birke (1979) fanden bei exponierten Familien weniger Kinder als bei Vergleichsfamilien. Die exponierten Väter gaben doppelt so oft wie Kontrollpersonen an, Schwierigkeiten zu haben, ein Baby zu bekommen. Auch schien es, als ob ihre Körper häufiger Mißbildungen hätten (7,1% gegen 2,6% sonst). Die Chromosomen zeigten höhere Tendenz zu „breaks“, freilich besonders stark bei Rauchern! Diese Erhebungen wurden an 366 Arbeitern gemacht. Es gibt keine auch nur annähernd gleich umfangreiche Gruppe, die in dieser Hinsicht anderswo untersucht worden wäre.

Gegen diese Befunde stehen die Erhebungen anderer Gruppen, die aber andere Aspekte haben: Chromosomen-Untersuchungen von Bauchinger u. a. (1981) zeigten keinerlei Feldeffekt. Die Zahl der Fehlgeburten und die Geschlechtsverteilung der Kinder war unverändert (200 Familien), was sogar russische Autoren fanden (Dyshlovoi u. a. 1977). Von einer erhöhten Tumorrate kann nicht die Rede sein (Kouwenhoven u. a. 1967).

Man wird trotz dieser negativen Befunde die positiven nicht ohne weiteres als falsch verwerfen können. Alle uns bekannten Arbeiten wurden freilich von ihren Autoren als „vorläufig“ eingestuft, und zwar nach unserer Information auch noch in jüngster Zeit. Neuere Veröffentlichungen sind uns nicht zugänglich geworden. Es könnte sein, daß die Resultate sich als nicht so sicher erwiesen, wie es anfangs schien, zumal die Versuche an Tieren, unter wesentlich rigoroseren Bedingungen durchgeführt, nichts Sicheres ergaben (Kap. 5.4). Wir meinen, daß die Befunde derzeit noch zu unsicher sind und zu viele Fehlerquellen haben, vor allem was die Vergleiche zu Kontrollgruppen betrifft, als daß man schon sichere Schlüsse aus ihnen ziehen könnte.

6.3 Zwei besondere epidemiologische Studien

Die Unsicherheit im endgültigen Urteil über die Unschädlichkeit der Felder könnte noch durch mindestens eine Studie verstärkt werden, in der die Ansicht vertreten wird, daß Kinder, welche unter dem Einfluß hochgespannter und von hohen Stromstärken durchflossener Leitungen leben, eine erhöhte Häufigkeit aufweisen, an Leukämie zu erkranken (WERTHEIMER und LEEPER 1979). Eine zweite Studie, die ähnliche methodische Probleme liefert, besagt, daß Menschen im Einflußgebiet hoher Spannungen höhere Selbstmordraten aufweisen könnten (REICHMANIS u. a. 1979), eine Behauptung, die später positiv bekräftigt wurde (PERRY u. a. 1981). Die Leukämie ist eine krebsartige Erkrankung des Blutes, für die also die oben schon zitierte Meinung zutreffen könnte, daß Feldwirkungen am ehesten an zur Krankheit disponierten Organen testbar wären. Nun hatten die Beobachtungen an Tier und Mensch hinsichtlich einer krebserzeugenden Wirkung elektrischer Felder nichts Sicheres ergeben (Tabelle 3 und 10; Kap. 6.2.2.4). Die Leukämie der Kinder, deren häufigere Entstehung bei Kindern, die unter stark stromführenden Hochspannungsleitungen leben, von WERTHEIMER und LEEPER behauptet wird, ist aber eine krebsartige Erkrankung. Der Krebs ist u. a. vermutlich die Folge genetischer Fehlinformationen der Zelle. Einflüsse auf den genetischen Code sind aber mehrfach untersucht worden. Es fand sich in der Regel nichts, weder beim Tier (ANDRÉ-FONTAINE 1980; LE LOCH u. a. 1975; STRUMZA 1971) noch beim Menschen (BAUCHINGER u. a. 1981; DYSHLOVOI u. a. 1979). Doch wird diesen negativen Befunden nicht nur von der Arbeit WERTHEIMER und LEEPER widersprochen. An Fruchtfliegen fand sich (nicht ganz sicher) eine erhöhte Mutationsrate (COATE u. a. 1975), an Menschen erhöhte Mißbildungshäufigkeit (NORDSTRÖM und BIRKE 1979), und, in einer freilich vorläufigen und unbestätigten Mitteilung, fand UTIDJIAN (1979) eine erhöhte Krebshäufigkeit beim Menschen.

Man wird keine dieser Angaben sehr ernst nehmen können, da die total widersprechenden Befunde hinsichtlich normaler Tumorhäufigkeiten und ungestörter Gesundheit sie fragwürdig erscheinen lassen (Tabelle 8; KOUWENHOVEN u. a. 1967). Nun könnte der Befund scheinbar erhöhter Leukämiezahlen an Kindern den Angaben über genetische Schäden wieder Auftrieb geben. Wir haben uns daher sehr eingehend mit dieser Arbeit befaßt und finden sie, um das Ergebnis vorwegzunehmen, allzu fehlerhaft, um die behauptete Aussage zu beweisen.

Im Detail finden sich folgende Einwände:

1. Die Autoren selbst drücken sich sehr vorsichtig aus, sprechen von „möglichen Effekten“ und geben zu, daß eine direkte, krebserzeugende Wirkung der Felder nicht theoretisch erklärbar wäre.

2. Die Autoren selbst beziehen den von ihnen festgestellten Effekt auf die von den Hochspannungsleitungen erzeugten *magnetischen* Felder und legen für die Wirkung der *elektrischen* Feldstärke auch keine entsprechenden Feldmessungen vor.

3. Der Existenz wirksamer Magnetfelder ist aber inzwischen von MILLER (1980) widersprochen worden. MILLER rechnet aus, daß die Magnetfelder in je-

dem Haushalt in derselben Größenordnung liegen wie die der Hochspannungsleitungen, erzeugt allein schon durch den Betrieb üblicher Haushaltsmaschinen. Dem widersprechen allerdings die Autoren (Wertheimer und Leeper 1980), weil in Haushalten der Hin- und Rückfluß der Ströme in parallelen Kabeln verläuft und sich deren Magnetfeld aufhebt. Dennoch wird man sagen dürfen, daß die gemessenen Magnetfelder sehr schwach sind (Größenordnung $2 \cdot 10^{-3}$ Gauß gleich 0,2 Mikrotesla). Auch hat Miller gleich hohe Magnetfeld-Stärken selber in Haushaltungen gemessen.

4. Auch für die Hochspannungsleitungen gilt, daß sich die Magnetfelder der Zu- und Rückführungsleitung kompensieren. Die unsymmetrischen Ströme, die von Wertheimer und Leeper angeschuldigt werden, finden sich gerade in solchen Hochspannungsleitungen nicht.

5. Vor allem aber fehlt jede Modellvorstellung, die es ermöglichen würde, die Befunde im Sinne Wetheimers und Leepers zu interpretieren.

6. Eine Nachprüfung der Befunde an einem anderen, ähnlich konfigurierten Netzwerk in Rhode Island verlief völlig ergebnislos (Fulton u. a. 1980).

Man könnte noch zahlreiche andere Argumente gegen die These von Wertheimer und Leeper anführen. Magnetfelder sind kaum zur Erklärung der Befunde dienlich. Von elektrischen Feldern wird eine Wirkung gar nicht behauptet, obgleich sie leichter verständlich wäre. Die Forderung, daß eine epidemiologisch gefundene Korrelation modellmäßig interpretierbar sein muß, wenn sie als Kausalbeziehung interpretiert werden soll, ist also in diesem Fall besonders am Platze. Man wird den Befund also auch nicht als Stütze der anderen, ebenfalls wenig beweiskräftigen Behauptungen über Feldwirkungen verwenden können.

Aus dem gleichen Grunde wird man der Angabe wenig Glauben schenken können, daß die Selbstmordhäufigkeit unter starken Feldern erhöht ist (Perry u. a. 1981; Reichmanis u. a. 1979). Auch hier wird von den Autoren die Wirkung auf die magnetische Feldstärke bezogen. Die Unterschiede der Feldstärken, welche verschieden hohe Selbstmordraten bedingen sollen, sind sehr klein. Die Autoren sind selbst sehr zögernd in der Formulierung einer positiven These. Diese Befunde sind also erst recht kein Hinweis auf Schädigungen durch *elektrische* Felder.

Nach Abschluß dieses Manuskriptes wurde uns eine Arbeit bekannt, welche im Zusammenhang dieses Kapitels besprochen werden muß. Milham (1982) hatte schon vor Jahren die relative Sterbewahrscheinlichkeit in 438000 Fällen nach Todesursachen für 218 verschiedene Berufe festgestellt. Er fand für Berufe, welche in besonders starkem Maße mit elektrischen und magnetischen Feldeinwirkungen zu tun haben, bis auf einen unter elf Berufen dieser Art eine erhöhte Sterblichkeit an Leukämie. Es handelt sich dabei also nicht um Kinder, sondern um Erwachsene.

Gegen diese Arbeit ist zweierlei einzuwenden.

1. Versucht man, die elf Berufe in solche offenbar hoher und offenbar geringer Feldbelastung einzuteilen (z. B. Streckenarbeiter oder Arbeiter in Kraftwer-

ken gegen elektronische Techniker oder Projektorbedienung in Kinos), so ergeben sich in beiden Gruppen praktisch gleiche Übersterblichkeiten, berechnet als das Verhältnis der beobachteten zu den (alters- und jahresstandardisierten) erwarteten Sterbefällen.

2. Eine erhöhte Häufigkeit an bösartigen Neubildungen des Blutes und analogen Erkrankungen als Berentungsursache fanden auch Blohmke und Reimer (1980) bei allen Berufen, die mit elektrischen Anlagen umgehen, aber in fast der gleichen Häufigkeit auch bei Schmieden, Werkzeugmachern, Maschinisten etc., also bei Berufen, die keinerlei besondere Exposition gegen elektrische oder magnetische Felder haben. Bei Frauen werden z. B. Webberufe besonders hoch betroffen. Es ist wenig wahrscheinlich, daß die Wirkung elektrischer Felder mit der berichteten Übersterblichkeit zusammenhängt.

6.4 Sekundäre, nicht der Feldstärke anlastbare Wirkungen elektrischer Hochspannungsleitungen

Wenn auch die elektrische Feldstärke selbst wahrscheinlich keine biologischen Wirkungen hat, so sind doch sekundäre schädliche Einflüsse nicht ohne weiteres auszuschließen. So ist es eine bekannte Erfahrung, daß größere metallene Gegenstände (mit hoher Kapazität) in einem starken Feld eine so hohe Ladung speichern, daß ihre Berührung einen schmerzhaften Stromfluß gegen Erde erzeugt. Die Schwelle der Schmerzhaftigkeit liegt selbst bei kleinen leitenden Objekten wie Regenschirmen bereits bei 12 kV/m (Takagi und Muto 1971). „Kleine Schocks" (Lee 1981) kennt jeder, der bei trockener Witterung an metallene Gegenstände faßt, die in Feldern oft nur geringer Stärke stehen. Schon beim Wandern mit isolierenden Schuhen auf Kunststoffböden entstehen statische Aufladungen von mehreren Kilovolt (Lee 1981). Nach Dalziel (zit. bei Deno und Zaffanella 1974) genügen 250 mJ Ladung für einen schmerzhaften Reiz. Die Frage ist nur, wie ein leitender Gegenstand mit großer Kapazität eine nenneswert hohe Stromstärke über den berührenden Menschen gegen Erde abgeben kann. Ein einmaliger Stromstoß, etwa der Entladestrom eines Kondensators gegen Erde, würde mindestens 1000 V Spannung benötigen, ehe er tötet, wenn man diesen Schwellenwert unter leidlich realistischen Bedingungen nach den bekannten Tötungsbedingungen ausrechnet (Lit. bei Brinkmann und Schaefer 1982), wobei die Kapazität bereits mindestens 1 Mikrofarad betragen müßte. Diese Kapazität wird in der Tat weder von Automobilen noch von Bussen oder Traktoren, die auf dem freien Feld unter einer Hochspannungsleitung stehen, erreicht. Sie alle haben 1000 – 3000 pF Kapazität, also nur etwa 1/1000 des geforderten Schwellenwertes (Deno und Zaffanella 1974). Selbst der unglücklichste Fall der Aufladung eines Kondensators mit $\pi/2$ einer Wechselstromwelle zum vollen Scheitelwert der das Objekt aufladenden Spannung wird eine solche Tötungsbedingung nicht erfüllen können. Eine Messung von Jaczewski u. a. (1976) ergab z. B. einen Höchstwert eines solchen Stromstoßes von 0,5 A, aber mit Zeitkonstanten von nur 1 – 3 Mikrosekunden.

Anders liegt das Problem, wenn ein kapazitiver Ausgleichsstrom durch die berührende Person gegen Erde abfließt. DENO und ZAFFANELLA (S. 262) haben für ein größeres Auto den fließenden Strom errechnet und gemessen. Er liegt bei 1 mA. Auch er erreicht selbst bei beliebig langer Flußzeit die Schwelle nicht, bei der das tödliche Kammerflimmern ausgelöst wird. Die pessimistischsten Rechnungen einer Expertengruppe in USA ergaben einen maximalen Strom von 7,5 mA (SCOTT-WALTON u. a. 1979). Auch er ist nicht tödlich und kaum fähig, Muskelkrämpfe auszulösen. Ähnliche Resultate fanden GROSS u. a. (1972), JACZEWSKI u. a. (1976) und MARUVADA u. a. (1976).

In einem US-Hearing wurden noch andere sekundäre Wirkungen elektrischer Felder erörtert, die vielleicht schädigen könnten, z. B. Geräusche (SCOTT-WALTON 1979). Sie sind gesundheitlich unerheblich.

Natürlich können starke Felder durch Corona-Entladungen schädigen, was z. B. an Blättern von Pflanzen oder an ihren Wurzeln Schäden setzt (JOHNSON u. a. 1979; MILLER u. a. 1979) oder ihr Wachstum verlangsamt (MURR 1965). Auch zahlreiche Befunde an einzelligen Lebewesen und Bakterien weisen darauf hin, daß an ihnen Feldkräfte angreifen, welche über ihre Verschiebungsströme Effekte machen können. Wir lassen solche Effekte, die sich in keiner Weise auf Menschen übertragen lassen, hier außer Betracht. Freilich besteht vielleicht eine gewisse Beziehung zu hypothetischen Effekten an der Haut des Menschen und der Tiere. Hier greift das luftelektrische Feld unmittelbar an. Es wäre denkbar, daß dadurch celluläre Effekte unbekannter Art ausgelöst würden, welche ein Modell der wenigen oben beschriebenen Einflüsse des Feldes auf Leukocyten abgeben könnten.

7 Modelltheorie

7.1 Zusammenfasung der gesicherten Befunde

Es soll nun anhand der erhobenen Befunde der Versuch gemacht werden, das Tatsachenmaterial durch Modelle verständlich zu machen, darüber hinaus dann eine Modelltheorie zu entwickeln, welche auch andere Beobachtungen aus der Biologie einbezieht und alle derzeit denkbaren Effekte elektrischer Felder durchdenkt. Es ist zweckmäßig, diese modelltheoretischen Betrachtungen mit einer Zusammenfassung der gesicherten Daten einzuleiten.

Gesichert und theoretisch verständlich zugleich sind alle Effekte, die sich mit der elektrostatischen Aufladung von isolierenden Oberflächenstrukturen erklären lassen. Alle Haare vibrieren im Feld mit einer Vibrationsfrequenz von 50 (bzw. in USA von 60) Hz. Durch den ungewohnten Reiz werden die Tiere beunruhigt, ihr Verhalten und die Meßwerte der Körperfunktionen, soweit sie stark durch Angst, Schreck oder Außenweltreize beeinflußt werden, verändert. Tiere halten sich z. B. zur Ruhe ungern im elektrischen Feld auf, die Herzschlagfrequenz und die Atmung ändern sich etwas. Im EEG sind die Vibrationsreize an ihren Einflüssen auf das Frequenzspektrum deutlich ablesbar.

Für den Menschen sind elektrische Felder ebenfalls an Haarvibrationen spürbar, aber er entwickelt zu diesen Vibrationen keinerlei emotionsgetöntes Verhältnis. Es gibt beim Menschen nur einen sich als ziemlich konstant erweisenden Feldeffekt: der leichte Anstieg der weißen Blutkörperchen, ein Befund, der sich übrigens bei Ratten nach einjähriger Exposition nicht findet (BRINKMANN 1976); hier sinken die Leukocyten ab. Sonstige Effekte auf leibliche Funktionen bei Mensch und Tier finden sich nicht konstant und unbezweifelbar. Wenigen angeblich positiven Befunden stehen klar negative gegenüber. Es scheint so, daß das Fehlen der Befunde um so eher konstatiert wird, je höher die experimentelle Erfahrung des Untersuchers ist, eine Feststellung, die im Kontext einer wissenschaftlichen Arbeit ungewöhnlich scheinen mag, auch schwer dokumentierbar sein dürfte, aber sich dem erfahrenen Experimentator aufdrängt.

Weder das Befinden noch die Leistungen der exponierten Personen sind deutlich beeinflußt; eine geringe Erhöhung der Reaktionszeit (HAUF 1974) bestätigte sich nicht einmal in späteren Arbeiten der gleichen Arbeitsgruppe und fehlt völlig in umfassenden und technisch besonders gut angelegten Versuchen, die vom Autor kontrolliert wurden (KÜHNE 1979). Geringe Effekte am EEG des Menschen sind durch Haarvibrationen erklärt. Schädigungen im Sinn einer Leistungsminderung, Krankheit oder gar verkürzte Lebenserwartung sind nicht feststellbar.

Eine gewisse Schwierigkeit bieten die epidemiologischen Untersuchungen bei Leukämie (WERTHEIMER u. a. 1979, 1980). Sie sind aber erstens nicht bestätigt worden (FULTON u. a.). Es ist zweitens durch eine sorgfältige Analyse des Datenmaterials zu beweisen, daß die Daten falsch interpretiert sind. Es könnte freilich für unseren Standpunkt besonders mißlich erscheinen, daß bei Arbeitern, die elektrischen Einwirkungen ausgesetzt sind, die Häufigkeit von Leukämie höher ist als bei der Gesamtbevölkerung (MILHAM 1982), aber dasselbe findet sich bei einer großen Gruppe anderer Arbeiter auch (BLOHMKE und REIMER 1980), und in der Studie MILHAMS finden sich so viele Ungereimtheiten, daß man die Entstehung der Leukämie, die derzeit noch ungeklärt ist, eher auf ganz andere Ursachen, z. B. den Umgang mit Metallen, beziehen könnte. Andere, *sicher dokumentierte Effekte* auf Zellwachstum, Tumorhäufigkeit oder genetische Einflüsse liegen nicht vor. Alle Behauptungen über solche Einflüsse sind schlecht dokumentiert oder widersprüchlich.

Eine weitere Schwierigkeit findet sich in den Angaben von NORDSTRÖM und BIRKE (1979), daß Mißbildungen auftreten, doch sind genetische Einflüsse von BAUCHINGER u. a. (1981) untersucht und nicht gefunden worden, und NORDSTRÖMS Befunde bestätigen sich nicht in ähnlichen Untersuchungen von DYSHLOVOI u. a. (1977).

Der seltsame Befund einer Zunahme der Leukocyten erfordert insofern noch einmal eine Erwähnung, als er mit der Behauptung von WERTHEIMER und LEEPER (1979), daß Leukämie bei Kindern in starken Magnetfeldern gehäuft auftreten soll, in Beziehung stehen könnte. Hierzu ist folgendes zu sagen.

Erstens wird die höhere Häufigkeit von Leukämie von WERTHEIMER und LEEPER der magnetischen Komponente des Feldes zugerechnet, und nur für diese sind die Daten brauchbar. Eine Steigerung der Leukocyten ergab sich aber bei unseren eigenen Beobachtungen im magnetischen Wechselfeld am Menschen nicht (SANDER 1982), bei sonst gleichem Versuchsaufbau wie dem der elektrischen Felder, der bei KÜHNE (1979) erhöhte Leukocytenzahlen ergeben hatte. KÜHNES Annahme, der Leukocyteneffekt beruhe auf der Reizung der Haar-Receptoren, bestätigt sich insofern. Es gibt aber offenbar wenige Untersuchungen anderer Autoren zu dieser Frage. BARNOTHY (1964) berichtet nur über ältere Experimente an Mäusen, bei denen die Leukocytenzahl während der Exposition in einem konstanten Magnetfeld absinkt, nach Abschaltung des Feldes allerdings stark steigt.

Zweitens ist ein möglicher Zusammenhang zwischen geringen (und noch völlig im Normbereich liegenden) Steigerungen der Leukocytenzahl mit der Leukämie völlig hypothetisch. Freilich ist über die Ursache der Leukämie nichts Sicheres bekannt, wenn man von der (hier uninteressanten) Auslösung durch Erreger oder durch genetische Faktoren absieht.

Man wird also den Leukocytenbefund kaum als Indikator lebensbedrohender Feldeinwirkung verwenden dürfen.

7.2 Das theoretische Dilemma

Die Situation, in der wir uns befinden, sieht also folgendermaßen aus:

a) Es hat sich in der experimentellen Prüfung bislang kein sicherer Hinweis auf Wirkungen des elektrischen Feldes ergeben, der auf mögliche Schäden schließen ließe.

b) Es wird jedoch in Veröffentlichungen der Literatur auf gesundheitliche Schäden und angeblich erhebliche subjektive Störungen durch Felder hingewiesen, Hinweise, die sich aber nicht haben bestätigen lassen.

c) Es wird dennoch gefolgert, daß solche Felder gefährlich sein könnten, weil es bioklimatische (und fraglos unangenehme) subjektive Wirkungen gibt, die man (ohne den Beweis zu haben) auf die Wirkung von Feldern bezieht. Bioklimatische Faktoren wären aber durchaus für die Gesundheit schädlich, wenn sie z. B. den Durchgang von Wetterfronten nachahmen, der die Mortalitäten ansteigen läßt.

d) Da die früher erlebte Situation, daß man Gefahren nicht feststellen konnte, obgleich sie vorhanden waren (Beispiel Röntgenstrahlen!) auch heute existieren könnte, fordert man den Nachweis einer Abwesenheit von Effekten, unter Hinweis darauf, daß es ja Wirkungen der Felder gibt, die langfristigen Folgen derselben aber nicht untersucht sind.

e) Die Untersuchung dieser möglichen (und wenig wahrscheinlichen) Folgen aber könnte nur in Experimenten gelingen, die nicht durchführbar und zudem, selbst wenn sich Probanden solchen Untersuchungen unterziehen wollten, extrem teuer sind. Sie würden im übrigen mit hoher Wahrscheinlichkeit auch keine Resultate ergeben, die anderes besagen als die bisherigen, weil die Beobachtungen an lange Zeit exponierten Menschen ja auch keinerlei Symptome erkennen ließen, welche auf Schäden hindeuten. Die Erzeugung von Leukämie und Genschädigungen läßt sich aus ethischer Indikation am Menschen nicht experimentell prüfen. Im Tierversuch war dieser Test negativ. Es fällt freilich auf, daß der einzige positive experimentelle Befund, teils in unseren eigenen Versuchen am Menschen, teils in mehreren Studien andernorts, die Vermehrung von Leukocyten war. Nun hat eine solche Vermehrung mit der Krankheit Leukämie zunächst nichts Direktes zu tun, doch spielen sich beide Veränderungen am gleichen Ort, dem leukopoetischen System, ab.

f) In einer Besprechung mit Gutachtern kam daher die Forderung auf, so lange zu experimentieren, bis man einen Befund habe, den man dann theoretisch zu interpretieren versuchen sollte. Diese Forderung, von einem klugen Physiker erhoben, zeigt das Dilemma in seiner ganzen Schärfe. Wir stehen in einer experimentellen Situation, in der man Phänomene vermutet, aber nicht kennt, und deshalb keine Modellvorstellungen entwickeln kann. Im allgemeinen geht der Naturforscher einen grundsätzlich anderen Weg: ihm sind in der Regel Phänomene vorgegeben, deren Entstehung er zu klären versucht, indem er die phänomenale Erfahrung erweitert, systematisiert und aus dem Bereich schon bekannter Theorien Modelle zur Erklärung dieser Phänomene entwickelt.

g) Unsere gleichsam umgekehrte Forschungsrichtung wird nur dadurch erzwungen, daß man die Schadlosigkeit extrem hoher physikalischer Einwirkungen (Feldstärken) deshalb feststellen will, weil man durch bisherige Erfahrungen vielfältiger Art (Strahlen, Luftverschmutzung z. B.) von Schäden durch Technik weiß, die der anwendende Techniker nicht vorhersah und die man erst feststellte, als schon erheblicher Schaden entstanden war.

7.3 Mögliche Modelle

Angesichts dieser schwierigen Situation, in der wir uns in wissenschaftstheoretischer Hinsicht befinden, ist der beste Weg, sich Klarheit über eventuelle Wirkungen elektrischer Felder zu verschaffen, daß man die Möglichkeiten physikalischer Einwirkungen testet. Elektrische Felder bieten folgende theoretische Wirkungsmöglichkeiten.

1. Das Feld strahlt Energie ab, deren Wirkung nach den üblichen quantenenergetischen Gesichtspunkten zu prüfen wäre; diese Wirkungen sind primär elektrochemischer Natur.

2. Das Feld erwärmt durch seine Verschiebungsströme Gegenstände, die sich in ihm befinden.

3. Das Feld wirkt mit elektrostatischen Kräften und löst mechanische Vorgänge aus, z. B. Vibration von Haaren, Kitzelempfindungen an stark verhornter Haut etc.

4. Das Feld erzeugt durch Wanderung von Ionen im Gewebe Effekte biochemischer Natur, die sich nicht in der Beeinflussung von Membranpotentialen ausdrücken und am Modell der Einzelzelle am besten zu beobachten wären.

5. Das Feld erzeugt im Organismus Verschiebungsströme, welche ihrerseits elektrische Spannungsgradienten entwickeln, die erregbare Membranen in ihrer Erregbarkeit verändern könnten; diese Wirkungen sind informationstheoretischer, genauer elektrophysiologischer Natur.

6. Eventuell finden Summationsphänomene statt, wenn bei länger dauernden Expositionen das Feld anhaltend auf irgendwelche Mechanismen einwirkt.

7. Es könnte sich an den Freileitungen Ozon bilden, das seinerseits chemische Wirkungen ausübt.

7.3.1 Das Strahlungsmodell

Elektronische Felder entstehen an metallenen Leitern, die als Oszillatoren wirken und Energie in Form elektromagnetischer Strahlung abgeben. Diese Strahlung kann nach den bekannten quantentheoretischen Gesetzen als Emittierung von Photonen mit der Energie $h \cdot \nu$ betrachtet werden. Die Energie kann in Wechselwirkung mit Atomen und Molekülen treten und diesen Atomen elektrische Ladung (Elektronen) entreißen, Elektronen auf höhere energetische Ebenen bringen oder auch nur (nach FRÖHLICH) Anregungen für eine Änderung des energetischen Status vermitteln. Die hierzu notwendige Energie bestimmt sich nach dem Energiegehalt des betreffenden Elektrons und wird in Elektronenvolt (eV) ausgedrückt. Nach der Planckschen Quantentheorie muß diese Energie um so kleiner sein, je kleiner die Frequenz ist. Bei 50 Hz ist die Energie des abgestrahlten Photons so klein, daß der resultierende Wert in eV (bei 50 Hz $\cong 2 \cdot 10^{-13}$ eV) keinesfalls Elektronen mehr aus ihrem Atomverband herauslösen, aber auch keine Änderungen ihres Energiezustandes, also keine chemischen Wirkungen, mehr hervorbringen kann (Tabelle 11). Man kann aus diesem Grunde sicher sein, daß irgendwelche Wirkungen an Atomen oder Molekülen durch 50-Hz-Felder praktisch ausgeschlossen sind. Die bekannten Charakteristika einer wirksamen *Strahlung*, nämlich molekulare Veränderungen auslösen zu können, treffen also auf diese Feldwirkungen nicht zu, weshalb wir selber den das Publikum immer besonders beeindruckenden Begriff „Strahlung“ ungern verwenden, obgleich man in der wissenschaftlichen Literatur das Wort „nichtionisierende Strahlung“ für diese elektromagnetischen Felder mit niedrigem eV-Wert durchwegs gebraucht.

Ein modelltheoretischer interessanter Vorgang bedarf der Erwähnung. Zwischen 10^{-4} und 10^{-5} eV kann eine Strahlung zur Elektronenspin-Resonanz führen, die bei Anwesenheit freier reagierender Moleküle („Radikale“) molekulare Änderungen bewirken könnte. Hierbei ist aber die gleichzeitige Wirkung eines Magnetfeldes von 0,1 – 1 T notwendig. Magnetfelder herrschen nun in der Tat nahe an elektrischen Leitungen, die von Strom durchflossen sind. Man hat solche Felder gemessen, findet aber in Entfernungen, wie sie praktisch vorkommen, selbst bei hohen Stromstärken von über 100 A nur ca. 0,1 Gauß = 1/100 mT (WERTHEIMER und LEEPER). Die herrschenden Magnetfelder sind also auch um das 10^{-4}- bis 10^{-5}fache zu klein, um Elektronenspin-Resonanzen zu gestatten,

Tabelle 11. Zusammenhang von Energie (in Elektronenvolt = eV) und Strahlungsfrequenz bei verschiedenen elektromagnetischen Strahlungsarten

	Frequenz	Wellenlänge	Energie (eV)	Wirkung
Techn. Wechselstrom	50 Hz	30000 km	$2{,}07 \cdot 10^{-13}$	
Hochfrequenz	10^6 Hz = 1 M Hz	300 m	$4{,}14 \cdot 10^{-9}$	
Mikrowellen	10^9 Hz = 1 GHz	30 cm	$4{,}14 \cdot 10^{-6}$	Beginn der Elektronen-Spin-Resonanz
Wärmestrahlung	10^{14} Hz	3 μm	$4{,}14 \cdot 10^{-1}$	Wärme, Schwingungsanregung, Wasserstoffbrücken beeinflußt
Licht	10^{15} Hz	0,3 μm	4,14	
UV-Strahlung	10^{16} Hz	30 nm	41,4	Elektronenanregung
Röntgenstrahlen	10^{19} Hz	0,03 nm	41400 V	Ionisierung

selbst wenn die elektrischen Felder stark genug wären. Doch auch diese sind um den Faktor 10^8 zu klein!

7.3.2 Thermische und elektrostatische Wirkungen

Nach Ausschluß chemischer Strahlungs-Wirkungen bleiben demnach als mögliche Einwirkungsformen nur noch thermische, elektrostatische (mechanische) und elektrophysiologische, an Membranen oder durch Ionenflüsse bewirkte Effekte übrig. Thermische Effekte lassen sich leicht aus den elektrischen Eigenschaften der Körpergewebe berechnen und können, wie wir prüften, selbst bei den hier vorliegenden extrem hohen Feldstärken von über 100 kV/m nicht auftreten. Es ist daher mit hoher Sicherheit anzunehmen, daß die Felder nur mechanische und elektrostatische Wirkungen auslösen, wenn sie nicht, wie gleich zu erörtern sein wird, direkt auf elektrisch erregbare Organe durch Entwicklung entsprechender überschwelliger Feldstärken oder durch Ionenwanderung einwirken.

Die mechanischen Folgen elektrischer Vibrationen der Haare durch elektrostatische Aufladungen sind leicht beobachtbar und erklären alle sensomotorischen Erscheinungen an Lebewesen, welche an ihrer Oberfläche biologisches Material mit sehr geringer elektrischer Leitfähigkeit besitzen. Es ist daher einzusehen, daß Insekten mit ihrem Chitin-Panzer besonders leicht durch elektrische Felder zu beeinflussen sind (Greenberg u. a. 1979; Warnke 1976, 1977). Auch der Mensch fühlt Felder auf diese Weise durch die Vibration seiner Haare. Es gibt hier eine Schwellen-Feldstärke, die bei 5 – 10 kV/m liegt. Schwächere Felder können am Menschen also eine direkte elektrisch-mechanisch bedingte Wirkung nicht entfalten. Diese Tatsache stellt uns vor große Schwierigkeiten bei der Deutung aller Effekte, die von schwachen Feldern ausgehen sollen, wie z. B. der Beeinflussung der circadianen Rhythmik durch Felder in der Größenordnung einiger V/m (Wever 1968).

Für unsere spezifische Fragestellung, welche die Unschädlichkeit der Felder für den Menschen erweisen sollte, ergibt sich jedoch mindestens die Feststellung, daß chemische Schäden, die in Analogie zu den Schäden durch Röntgenstrahlen stehen würden, mit Sicherheit nicht zu erwarten sind.

Summationsphänomene, wie sie oben als mögliche Feldwirkung aufgezählt wurden, finden sich offensichtlich nicht, da die elektrischen Wirkungen durch die Rückstellkräfte an den Membranen rasch beseitigt werden, chemische Wirkungen aber durch den Stoffwechsel ausgeglichen werden, so daß nichts Summationsfähiges als Feldwirkung zurückbleibt. Das Problem ist in Kapitel 7.3.5 behandelt.

Von den oben aufgeführten Wirkungsmechanismen kommen also die unter Nr. 1, 2 und 3 aufgeführten als für die menschliche Gesundheit gefährdend sicherlich nicht in Frage. Es wäre also nur zu überlegen, wieweit der Mechanismus 4 oder 5 schädliche Wirkungen erzeugt.

7.3.3 Einzelzellen als Modelle

Der vierte Wirkungsmechanismus könnte darauf beruhen, daß die Verschiebungsströme biochemische Veränderungen bewirken, welche in das Leben der Zellen eingreifen, und zwar durch Ionenwanderung. Es gibt nun eine relativ umfangreiche Literatur über die Wirkung elektrischer Felder auf isolierte Zellen, die also in Zellkulturen offenliegen, oder auf Pflanzen. Bei Pflanzen scheint ein Effekt vorzuliegen, der einfach zu erklären ist. In starken Feldern tritt an den Spitzen der Pflanzenblätter eine Spitzenentladung auf, welche das Blatt mit vergleichsweise hoher Stromstärke durchsetzt und damit zu thermisch bedingten Zelluntergängen führt (Murr 1963, 1965). Amöben ändern ihre Form im Feld (Friend u. a. 1975). Schleimpilze verlangsamen ihr Wachstum schon bei 0,7 V/m (Greenebaum u. a. 1979). Ihre Mitosezeit ist erhöht. Auch Epithelzellen sind in vitro beeinflußbar, aber diesmal sank die Mitosezeit ab (Mamontow u. a. 1971). Dasselbe scheinen Hefe-Kulturen zu zeigen (König 1959). Bakterien der Raumluft werden durch Felder abgetötet (Hamilton u. a. 1967), ein Effekt, der zu Entkeimungsverfahren fortentwickelt wurde (Becker und Kraus 1964; Gundermann 1974), vielleicht aber nur über elektrostatische Mechanismen wirkt, welche die schwebenden Bakterien zum Sedimentieren an Oberflächen veranlassen. Mutagene Effekte an Bakterien sind beschrieben worden, Effekte, die sich bei Drosophila-Larven aber nicht auslösen lassen (Hungate u. a. 1979). Die Wirkungen sind also weder einheitlich noch interpretierbar.

Es liegen einige Beobachtungen bezüglich der Wirkungen direkter Durchströmungen an Zellen vor, von denen zwei hier zum Vergleich zitiert seien. (Weitere

Literatur findet sich in diesen Arbeiten angegeben.) Es ist bekannt, daß das Wachstum von Eizellen u. a. auch durch elektromotorische Kräfte gesteuert wird. Die Größenordnung solcher Wachstumsströme liegt bei 10^{-10} bis 10^{-11} A, wobei Stromdichten um etwa 1 $\mu A/cm^2$ erzielt werden (Fucus- und Pelvetia-Eier). (Lit. bei Jaffe u. a. 1974.) Es ist also möglich, daß entsprechend empfindliche Zellmembranen von solchen Stromdichten beeinflußt werden. Wachstumseffekte werden durch Ionenbewegungen ausgelöst, wobei Ca-Ionen eine besondere Rolle zu spielen scheinen. Eine Feldstärke, welche deutliche Änderungen der Zellorientierung bewirkt, liegt bei 10 mV/100 μm, also bei 100 V/m (Jaffe u. a. 1974). Wird eine frisch gesetzte Wunde mit Gleichstrom durchströmt, so bewirken schon 200 μA bei 772 mm^2 Elektrodenfläche Änderungen des Zellwachstums (Harrington u. a. 1974). Hierbei muß die Stromdichte also unter 26 $\mu A/cm^2$ Gleichstrom liegen. Diese Werte liegen oberhalb der Verschiebungsstromdichten, wie sie Tabelle 13 aufführt. Es muß freilich gesagt werden, daß Prozesse von der Empfindlichkeit von Membranen an wachsenden Eiern Schwellen haben, welche kaum mehr als eine Zehnerpotenz über den Stromdichten der Verschiebungsströme liegen. Die Wirksamkeit dieser Verschiebungsströme hinge dann nur noch davon ab, wie wirksam der hohe Membranwiderstand die Zelle vor der Durchströmung schützt (vgl. Kap. 7.3.4.3).

Ein weiteres Modell könnte darin gesehen werden, daß in Magnetfeldern das Bakterienwachstum sich verändern läßt, wobei man berechnen kann, daß der quantenhafte Energieübergang vom Magnetfeld auf die Bakterien den Effekt als energetisch begründbar erscheinen läßt (Aarholt u. a. 1981). Diese Beobachtungen könnten bedeuten, daß die Darstellung des Strahlungsmodells, wie sie vorstehend gegeben wurde, nicht korrekt ist. Das ist aber deshalb nicht der Fall, weil Aarholt u. a. ausdrücklich sagen, daß diese Berechnungen nur gültig sind, wenn man magnetisch empfindliche Substanzen in den Mikroben voraussetzt. Solche Substanzen sind freilich in lebenden Organen gefunden worden, so im Gehirn des Delphins (Zoeger u. a. 1981). Zellen im Pinealorgan des Meerschweinchens und der Taube sprechen auf Magnetfelder an (Semm u. a. 1980). Das Modell solcher Magneteffekte nimmt dann freilich folgende Form an: es sind Moleküle vorauszusetzen, welche für das einwirkende Feld empfindlich sind. Bei elektrischen Feldern kennen wir solche Moleküle sehr gut: es sind die Membranmoleküle der Zelloberfläche, welche an allen bislang daraufhin untersuchten Zellen ein elektrisches Diffusionspotential entstehen lassen. Unser Modell müßte also jetzt so aussehen, daß der Einfluß äußerer Felder auf solche Membranpotentiale untersucht wird. Da diese Potentiale an lebenden Zellen immer vorhanden sind, kann also eine Modelltheorie nur noch untersuchen, ob die intrakorporalen Verschiebungsströme und die durch äußere Felder im Körperinnern induzierten Spannungsgradienten in eine biologisch effektive Konkurrenz mit diesen natürlichen Membranpotentialen treten können.

7.3.4 *Das Membranmodell*

Jedes elektrische Feld, das im Körperinnern erzeugt wird, ruft eine Spannung an den beiden Seiten einer Zellmembran hervor. Die in der Elektrophysiologie erarbeiteten Grundlagen der Erregung sog. erregbarer Zellen zeigen, daß verschiedene Zellen unterschiedliche minimale Spannungen an ihren Membranen gebrauchen, um in den Zustand der Erregung zu verfallen. Ein Wert, der für viele Zellen gilt, ist 10 mV (Lit. bei SCHAEFER 1957, S. 676).

Die *Auslösung* einer Erregung ist jedoch keineswegs die einzige Möglichkeit, eine Erregung zu beeinflussen. Der Organismus macht vielmehr weithin von dem Prinzip der *Bahnung* und *Hemmung* Gebrauch, das so funktioniert, daß einer erregbaren Membran ein kleines, oft sehr kurzdauerndes Potential zugeschaltet wird, das die Erregbarkeit für andere eintreffende Signale verändert, ohne doch selbst schon eine Erregung auszulösen. Solche Steuer-Potentiale, auch *Miniatur-Potentiale* genannt, liegen in der Größenordnung von 100 μV und weniger (Lit. bei SCHAEFER 1957, S. 709f).

Das Membranmodell bietet nun folgende Schwierigkeiten und Möglichkeiten. Wir kennen die bei der Erregung einer Zelle (Ganglien, Sinnesorgane) fließenden

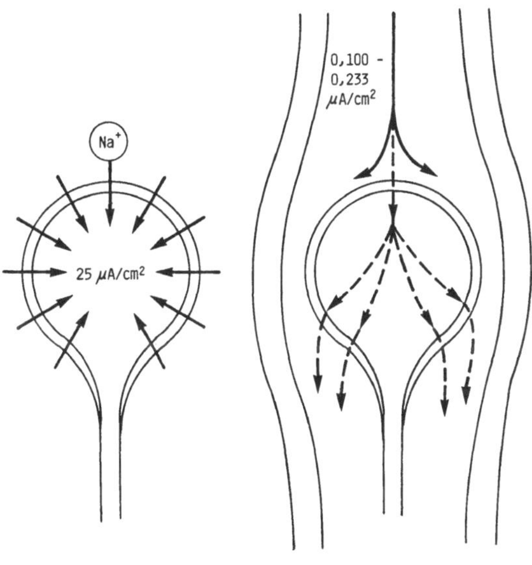

Abb. 1. Vergleich natürlicher Erregungsströme (links) mit Verschiebungsströmen (rechts), welche eine Ganglienzelle im Gehirn durchsetzen. Der beim Einsetzen der Erregung fließende Natriumstrom erzeugt eine Stromdichte von 25 μA/cm². Der bei 20 kV/m unverzerrter äußerer Feldstärke fließende Verschiebungsstrom erzeugt, unter der Annahme von nur 400 cm² Kopfoberfläche, 0,1 – 0,233 μA/cm² Stromdichte. Von dieser Stromdichte ist nur schwer angebbar, welcher Anteil die Membran mit ihrem hohen Widerstand, aber ihrer großen Kapazität (von etwa 1μF/cm²) durchsetzt

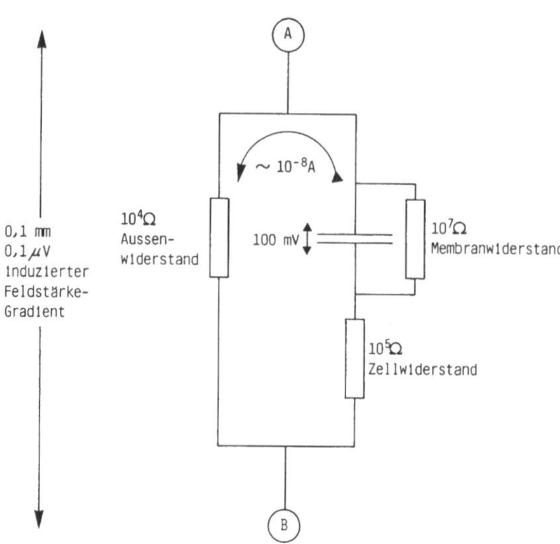

Abb. 2. Ersatzschaltbild des eine Ganglienzelle durchsetzenden Verschiebungsstromes. A und B die Ein- und Austrittsstelle des Stromes an der Zelle. Die Zellmembran ist als Serienschaltung eines Kondensators und eines Widerstandes gezeichnet. An ihr liegt eine natürliche Membranspannung von rund 100 mV an

Erregungsströme und die sie treibenden Spannungen sehr genau. Doch sind es Ströme und Spannungen, die von einer sphärisch strukturierten Zelle aus nach allen Richtungen der Umgebung *divergent austreten*, die also keineswegs direkt vergleichbar sind mit den Stromlinien oder Spannungsgradienten, welche durch Verschiebungsströme als Folge äußerer Felder erzeugt werden (Abb. 1). Es herrschen z. B. in der erregbaren Membran einer solchen Zelle im unerregten Zustand Gradienten von 10000 V/cm, ehe eine Erregung ausgelöst wird. Diese Gradienten hängen im übrigen in ihrem numerischen Wert von bestimmten Annahmen über die Dicke und Struktur der Membran ab. Aus diesem Grund ist die *Membranspannung* ein unsicherer Parameter, um die Reizwirkungen eines Verschiebungsstroms durch dessen Spannungsgradienten zu berechnen.

Der Strom freilich muß die Zellmembran durchsetzen. Sie hat einen sehr hohen spezifischen und reellen Widerstand. Sie hat aber auch eine hohe Kapazität, so daß es schwierig zu bestimmen ist, mit welchem Anteil der Verschiebungsstrom die Membran durchsetzt. Immerhin lassen sich die Stromstärken der bei der Erregung oder bei Erregbarkeitsänderungen fließenden Ströme mit der Stärke der Verschiebungsströme vergleichen.

Die zweite Methode besteht im Vergleich der durch äußere Felder im Körperinnern induzierten Feldstärken, die, wenn auch nur mit Einschränkungen, mit den natürlichen Feldstärken vergleichbar sind, mindestens in dem Sinn, daß schwellenwertige Reizspannungen durch äußere Felder nicht erreicht werden dürfen.

Es bleibt endlich noch eine Modellbetrachtung, bei der die Sensitivität gegen elektrische Felder bei hochspezialisierten Elektrodetektoren bestimmter Tierarten mit den induzierten Verschiebungsströmen und intrakorporalen Feldstärken verglichen wird.

7.3.4.1 Verschiebungsströme und Membranströme

Die im Körper induzierten Verschiebungsströme kennen wir aus direkter Messung nur vom Tier, das durch die völlig andere Größe der Verzerrung des äußeren Feldes schwer direkte Vergleiche mit dem Menschen gestattet. Alle anderen Angaben sind entweder theoretisch unter unsicheren Angaben berechnet oder an Modellen des Menschen, d. h. unter sehr vereinfachten Bedingungen, gemessen worden. Nur der Grad der Verzerrung des äußeren Feldes durch den Menschen, dessen Körper einen relativ guten elektrischen Leiter darstellt, wurde experimentell von Kühne (1979) am Menschen selbst ermittelt (s. u.).

Trotz der Unsicherheiten der Übertragung vom Modellversuch auf den Menschen darf man annehmen, daß die im Zentralnervensystem fließenden Verschiebungsströme der Größenordnung nach bekannt sind. Im Detail können sich freilich nicht unerhebliche Differenzen ergeben, da die Stromdichte des leidlich sicher bestimmbaren Gesamt-Verschiebungsstroms z. B. stark davon abhängt, auf welcher Oberfläche der Strom eintritt und wie sich die Stromfäden im Innern des Körpers verteilen. Das Ausmaß der Fragwürdigkeiten erkennt man sofort, wenn man Bilder der Feldlinienverteilung an einem Menschenmodell betrachtet, wie sie z. B. bei Schneider u. a. (1974, deren Fig. 13) oder bei J. Brinkmann (1976, Fig. 4 und 5) wiedergegeben sind. Schneider konstatiert ausdrücklich, daß seine Rechnungen nichts über die Stromdichte-Verteilung im Körperinnern aussagen. Auch nimmt Schneider an, daß nur rund ein Drittel des gesamten, am Modell gemessenen Verschiebungsstroms in den Kopf eintritt. Der gemessene Wert des Verschiebungsstroms entsteht durch das verzerrte äußere Feld, dessen Feldstärken nach Schneider u. a. aufgrund von Messungen an Modellen etwa das 15fache der unverzerrten äußeren Feldstärke betragen und nach Kühne (1979) sogar bis zum 19,5fachen des unverzerrten Feldes ansteigen.

Diese Überhöhung ist bei Schneider u. a. schon durch die Messung berücksichtigt worden, so daß für den Menschen ein Wert für den gesamten Verschiebungsstrom von 14 $\mu A/kV/m$ gilt, wobei etwa 1/3 dieses Stromes in den Kopf eintritt. Je nach dem für diesen Stromeintritt anzunehmenden Querschnitt (2 Modelle mit 400 cm^2 und rund 900 cm^2) wird dann die Stromdichte dieses Drittels des Verschiebungsstroms bei 1 kV/m unverzerrter Feldstärke rund 0,005 bzw. 0,012 $\mu A/cm^2$ betragen.

Silny hat einen etwas anderen Rechenansatz. Er hat die intrakorporale Feldstärke experimentell am Tier bestimmt und findet, daß die äußere, unverzerrte Feldstärke mit einem Faktor von $2{,}4 \cdot 10^{-7}$ in den Körper eindringt. Dabei war dann die Feldstärke am Tierkörper um einen Faktor von etwa 2 erhöht. Da beim stehenden Menschen die Überhöhung fast das 20fache der unverzerrten äußeren

Tabelle 12. Verschiebungsströme und intracerebrale Stromdichten sowie intrakorporale Feldstärken

(Übertragungsspannung) oder ungestörte Bodenfeldstärke	am Kopf wirksame Feldstärke	Gesamt-Verschiebungsstrom	Intrakorporale Feldstärke	Stromdichte	Objekt	Meßpunkt	Autor
10 V/m	–	0,8 nA	0,1 – 0,01 μV/cm	–	Affenmodell	–	Adey (1975)
1 kV/m	–	am Hals $5{,}1 \cdot 10^{-6}$ A	–	59 nA/cm^2	Mensch, berechnet	Hals	Deno (1979)
(735 kV)	–	1,3 mA	–	–	Mensch, berechnet	–	Gross und Hesse (1972)
(345 kV)	–	>1 mA	–	–	Mensch	–	Kouwenhoven u. a. (1966)
1 kV/m	–	4,4 μA	–	–	Menschen-Kopfmodell	–	Lövstrand u. a. (1979)
(735 kV) 10 kV/m	–	0,18 mA	–	–	Mensch	–	Maruvada u. a. (1976)

Werte beziehen sich auf ungestörte äußere Feldstärke	15fache ungestörte Feldstärke	$\frac{14\ \mu A}{kV/m}$	–	$\frac{4{,}8\ nA/cm^2}{kV/m}$	Menschenmodell	in den Kopf tritt 1/3 Stromstärke ein	SCHNEIDER u. a. (1974)
–	15fache ungestörte Feldstärke angenommen	–	$2{,}4 \cdot 10^{-7}$ der ungestörten äußeren Feldstärke beim Tier. Beim aufrecht stehenden Menschen vermutlich ein 10fach höherer Betrag	–	Berechnet für ellipsoides Modell	–	SILNY (1976)
10 kV/m	150 kV/m	–	240 µV/cm	$0{,}48\ \mu A/cm^2$	für den stehenden Menschen berechnet	–	SILNY (1976)

Feldstärke ausmacht (Kühne, s. o.), könnten für den Menschen also 10fach höhere Werte als beim Tier gelten. Das würde bedeuten, daß im Körperinnern ein Feld entsteht, dessen Feldstärke bei 1 kV/m unverzerrter äußerer Feldstärke etwa 24 μV/cm beträgt. Aus der Leitfähigkeit des Gewebes läßt sich dann eine mittlere Stromstärke des Verschiebungsstromes von etwa 0,048 $\mu A/cm^2$ (bei 1 kV/m) errechnen. (Die Leitfähigkeit L ist dabei zu 0,2 S/m angesetzt.)

Ein Ansatz von Deno (1979) geht von am Modell gemessenen Gesamt-Verschiebungsströmen aus, die dann am Hals (bei rund 87 cm^2 Querschnitt) eine Stromdichte von 0,059 $\mu A/cm^2$ (bei 1 kV/m) ergeben. Weitere Daten entnehme man der Tabelle 12.

Unter Freileitungen beträgt die ungestörte Bodenfeldstärke bei 380 kV Übertragungsspannung und den in der Bundesrepublik benutzten Dimensionierungen der Leitungsmasten nach Schneider etwa 5 kV/m, und ähnliche Werte werden aus USA berichtet, wo nach Lee u. a. (1979) 10 kV/m auch bei höheren Übertragungsspannungen ein oberer Grenzwert der ungestörten Bodenfeldstärke ist.

Wir geben in Tabelle 12 eine Dokumentation derjenigen Feldstärken und Verschiebungsströme, welche aus Rechnungen (und seltenen Messungen) aus der Weltliteratur erhältlich waren. Für sie alle gilt aber, daß die Werte, die im Gehirn selbst oder im Rückenmark vorliegen, nicht *genau* bekannt sind, da wir weder die Verteilung der Feldstärken auf der Oberfläche des Kopfes noch den Weg der Verschiebungsströme noch den Überhöhungsfaktor der Feldstärke am Kopf im Detail kennen. Dieser Mangel scheint uns deshalb derzeit unerheblich, weil die Reizschwelle für Nerven und Ganglienzellen erheblich höher liegt als die auftretenden intracerebralen Ströme und Spannungen, selbst wenn man pessimistische Annahmen über deren Größe macht. Vergleichen wir die Zahlen der Tabelle 12 miteinander, so ergeben sich folgende Werte:

- die Stärke der intregralen Verschiebungsströme ist pro 1 kV/m unverzerrter Feldstärke, in μA gemessen: 5,1 (Deno), 4,4 (Lövstrand) und 14 (Schneider);
- die intrakorporalen Stromdichten sind pro kV/m unverzerrter Feldstärke, in nA/cm^2 gemessen: 59 (Deno für den Hals mit 87 cm^2 Querschnitt beim Menschen); 4,8 (Schneider u. a. für den Kopf mit 400 cm^2 Querschnitt des Stromeintritts, bei 1/3 Anteil des Gesamt-Verschiebungsstroms für den Kopf);
- die intrakorporale Feldstärke pro kV/m äußerer unverzerrter Feldstärke, in μV/cm gemessen: 1 – 10 (Adey), 24 (Silny) für das Affenmodell bzw. den Menschen.

Bei der Verschiedenheit aller Modellansätze dürfte die Übereinstimmung dieser Daten als befriedigend gelten und zeigen, daß für den Menschen bei einer Exposition in Feldern von 10 kV/m mit Stromdichten von höchstens 48 – 590 nA/cm^2 und intrakorporalen Feldstärken von 100 – 240 μV/cm zu rechnen ist.

7.3.4.2 Die Feldstärken im Innern des Körpers haben keinen Reizwert

Die soeben errechneten intrakorporalen Verschiebungsströme und Feldstärken erreichen nun offenbar die Schwelle zur Auslösung einer Erregung nicht. Das läßt sich zunächst aus den Ergebnissen der Experimentalforschung erschließen. Im nächsten Abschnitt wird dieser Schluß noch rechnerisch unterbaut. Bezüglich der Feldstärken vgl. Kap. 4.2.

Die unterschwellige Natur der intrakorporalen elektrischen Felder und Ströme ergibt sich zunächst aus vier Beobachtungen, welche, in der Reihenfolge ihrer Verläßlichkeit, folgendermaßen lauten:

a) Die äußeren Felder lösen auch bei 20 kV/m ungestörter äußerer Feldstärke keine subjektiven Empfindungen aus. Die subjektive Empfindlichkeit des Menschen ist aber das mit Abstand empfindlichste Meßinstrument, das wir besitzen, denn alle Sinnesorgane arbeiten im Energiebereich weniger Elementarquanten. Von den Ganglienzellen sind uns allerdings solche Empfindlichkeiten nicht bekannt, da die zentralen Schaltstellen im Gegenteil erhebliche Quantenmengen benötigen, um Erregungen zu übertragen. Sie wären sonst Zufälligkeiten zu sehr ausgeliefert, und eine gesetzmäßige Handlungsfähigkeit ließe sich nicht ausbilden (Schaefer 1971). Es liegen aber sehr viele hochempfindliche Sinnesorgane im Bereich der Feldwirkung. Insbesondere müßten sich im Auge Lichterscheinungen bilden, die sog. Phosphene, die bei der Einwirkung magnetischer Felder leicht entstehen. Phosphene sind aber in elektrischen Feldern nie beobachtet worden. Wir selbst haben sehr aufmerksam nach ihnen gesucht. [Die schon recht umfangreiche Literatur der magnetischen Phosphene geben Dunlap (1911) und Barlow u. a. (1947), die der mit elektrischer Durchströmung erzeugbaren Phosphene Seidel u. a. (1968) wieder.]

b) Die Reaktionszeiten sind völlig unverändert (Tabelle 9), und zwar für Reaktionen sehr verschiedener Schaltwege. Wenn auch nur eine geringe Bahnung an Ganglien erfolgen würde, sollte sich die Reaktionszeit verkürzen. Die Verkürzung könnte allerdings nur klein sein, da die ganglionäre Übertragungszeit nur einen kleinen Teil der gesamten Reaktionszeit ausmacht. Da bei einigen der von Kühne (1979) untersuchten Reaktionszeiten diese Schaltwege verwickelt sind, also mehrere synaptische Übertragungszeiten in die Reaktionszeit eingehen, sollte man erwarten, daß eine Senkung ganglionärer Schwellen (nach Art der Wirkung von Miniaturpotentialen) zu einer meßbaren Senkung der Reaktionszeit geführt hätte. Insbesondere die Flimmerverschmelzungsfrequenz hätte sich ändern sollen. Die Streuungen aller Messungen waren klein, ein Feldeinfluß nicht vorhanden. Wenige Millisekunden Änderung der Reaktionszeit wären erfaßt worden.

c) Es tritt niemals eine auf die Feldwirkung zu beziehende Erregung auf. Eine allgemeine Bahnung der Übertragungsfunktionen sollte aber einen Effekt machen, der der Strychninwirkung analog ist, wenn auch Strychnin sehr spezifisch wirkt, nämlich durch Beseitigung hemmender Effekte, im Grunde also durch Lähmung der Aktivität von Hemmungssynapsen (Curtis u. a. 1973). Doch müßte eine allgemeine Bahnung durch Feldwirkungen einen analogen Effekt haben.

d) Es läßt sich endlich der meßtechnische Nachweis führen, daß die elektrischen Wirkungen der Felder unter der Schwelle liegen, was im folgenden Abschnitt gezeigt wird.

7.3.4.3 Vergleich der induzierten Felder mit Reizschwellen für Nerven und Ganglienzellen

Um eine erregbare Zelle zu erregen, sind, wie schon gesagt wurde, rund 10 mV transmembranäre Spannung erforderlich. Kleinere Spannungen (sog. Miniatur-Potentiale) wirken unter natürlichen Umständen als Moderatoren des Erregungsflusses, hätten dadurch also sehr wohl biologische Folgen. Hier wären schon 0,1 mV transmembranäre Potentialdifferenz wirksam.

Der Vergleich dieser biologischen Spannungen mit den vom äußeren Feld erzeugten intrakorporalen Verschiebungsströmen und Feldstärken ist nun leider nur durch Umrechnungen möglich, die nicht ohne eine Reihe willkürlicher Annahmen gemacht werden können. Diese Vergleichsrechnungen können mit zwei Rechenverfahren angestellt werden.

1. Aus den transmembranären Potentialdifferenzen lassen sich die Stromstärken, welche die biologischen Effekte bedingen, dann leidlich korrekt errechnen, wenn man entweder solche Ströme am biologischen Objekt direkt mißt oder durch Messung der Widerstände in definierbaren Stromkreisen errechnet. Hierbei wären Stromdichten feststellbar.

2. Aus den intrakorporalen Feldstärken ließen sich, wenn die räumliche Dimensionierung der erregbaren Strukturen bekannt ist, die an diesen Strukturen anliegenden Potentialdifferenzen berechnen. Diese Berechnung betrifft aber immer einen Spannungsabfall, der längs der erregbaren Zelle anliegt. Es bleibt unbekannt, mit welchem Anteil er die Membran durchsetzt, also einen transmembranären Spannungsgradienten erzeugt.

Wir wollen beide Rechenmethoden anwenden. Die erste Methode kann glücklicherweise auf Messungen zurückgreifen, welche in der Elektrophysiologie gemacht worden sind. Die bei der natürlichen Erregung fließenden Stromstärken bestimmen sich u. a. durch den spezifischen Flächen-Widerstand der Zellmembran, der von Eccles (1957, S. 16) zu 400 Ohm $\cdot$ cm^2 angegeben wird. Bei Schanne u. a. (1978) findet sich ein nur wenig kleinerer Wert von 269 Ohm $\cdot$ cm^2. Ein die Zelloberfläche durchsetzender Strom von 10^{-8} A ist sicher überschwellig. Bei einer Zelloberfläche von $5 \cdot 10^{-4}$ cm^2 ergäbe das eine Stromdichte von 20 μA/cm^2 in der Zellwand. Es ist aber möglich, daß ein momentaner Stromstoß von wesentlich höherer Stromdichte zur Auslösung des Erregungsprozesses erforderlich ist, in der Größenordnung von 300 μA/cm^2 (Eccles, S. 61). Zu ähnlichen Werten kommt man, wenn man von der transmembranären Spannungsdifferenz von 10 mV als Schwelle ausgeht. Es errechnet sich dann eine Schwellen-Stromdichte von 25 μA/cm^2 (Schaefer 1980, S. 68). Zur Imitation der Miniaturpotentiale genügen freilich Stromstärken von 1% dieser Werte, also 0,2 bis 3 μA/cm^2, je nach Schwellentheorie.

In Tabelle 13 sind nun zum direkten Vergleich die Stromdichten natürlicher Erregungen neben denen der Verschiebungsströme eingetragen. Es ergibt sich, daß die Stromdichten der Verschiebungsströme, auch wenn man die ungünstigen Grenzwerte nimmt, deutlich kleiner sind als die natürlichen Stromdichten. Sie lie-

Tabelle 13. Vergleich der natürlichen Stromdichten bei Auslösung einer Erregung an der Ganglienzelle mit den Stromdichten der Verschiebungsströme beim Menschen. Folgende Annahmen über die Ganglienzelle liegen der Rechnung zugrunde (Daten nach ECCLES 1957):
Schwellenstromstärke 10 nA
Oberfläche der Zelle = $5 \cdot 10^{-4}$ cm^2, Gesamtwiderstand 0,8 MΩ
Schwellenmembranpotential 10 mV
Miniaturpotential 0,1 mV
Spezifischer Flächenwiderstand der Membran 400 Ohm · cm^2

	Stromdichten der natürlichen Erregungsvorgänge	Stromdichten, die von Feldern mit 10 kV unverzerrter Feldstärke im Menschen erzeugt werden
Schwelle der Erregungsauslösung (10^{-8} A) als Vergleichsobjekt	20 $\mu A/cm^2$	DENO: etwa 0,059 $\mu A/cm^2$ am Hals
Miniaturpotential (Erregbarkeitsmodulation) als Vergleichsobjekt	0,25 $\mu A/cm^2$	SCHNEIDER: etwa 0,05 – 0,12 $\mu A/cm^2$ am Kopf
10 mV Schwellenpotential als Vergleichsobjekt	25 $\mu A/cm^2$	SILNY: etwa 0,48 $\mu A/cm^2$

gen freilich bezüglich der erregbarkeitssenkenden Miniaturpotentiale in derselben Größenordnung, ja sie sind vielleicht sogar etwas größer als die Stromdichten der Miniaturpotentiale. Bei Erregungspotentialen findet sich dagegen ein Verhältnis von mindestens 1 : 30 bis 1 : 40.

Nun ist der Verschiebungsstrom mit dem natürlichen Erregungsstrom nicht ohne weiteres vergleichbar. Wie Abb. 1 zeigte, verläuft der natürliche Erregungsstrom konzentrisch von außen nach innen, während der Verschiebungsstrom teils wegen des hohen Membranwiderstandes an der erregbaren Membran vorbeiläuft, teils die Membran wegen deren Kapazität durchsetzt, aber an einem Pol der Ganglienzelle eintritt, am anderen austritt.

Ähnliche Rechnungen hat auch BERNHARDT (1979, 1981) gemacht, freilich mit Modellvorstellungen, die uns zu formal erscheinen. Sein Ergebnis kommt dabei in der letzten Arbeit (1981) zu grundsätzlich gleichen Resultaten: die Felder sind bis zu ungestörten Feldstärken von etwa 10^7 V/m unschädlich (50 Hz).

Da wir die Schwellen für Ströme, welche die Zelle in der Längsrichtung durchsetzen, nicht kennen, läßt sich nicht sicher sagen, welchen Prozentsatz der Schwelle ein Verschiebungsstrom erreicht. Er liegt jedenfalls sicher weit unter 3%, selbst bei 10 kV/m unverzerrter Feldstärke.

Die zweite Rechenmethode vergleicht die Feldstärken des intrakorporalen Feldes mit denen des natürlichen Feldes (Tabelle 14). Hier sind freilich die Differen-

Tabelle 14. Vergleich natürlicher, eine Erregung auslösender Feldstärken an Ganglienzellen mit induzierten, intrakorporalen Feldstärken beim Menschen

	Feldstärken der natürlichen Erregungsauslösung für 100 Å Membrandicke	Feldstärken im Körperinnern bei 10 kV unverzerrter Feldstärke
Miniaturpotential 0,1 mV	100 V/cm = 10^8 µV/cm	10–24 µV/cm
10 mV Schwellen-Membranpotential	10000 V/cm = 10^{10} µV/cm	

zen enorm hoch. Die Feldstärken, welche das äußere Feld im Körper erzeugt, führen zu Werten, die schlimmstenfalls (beim Vergleich mit Miniaturpotentialen) nur bei $1:10^7$, für die Schwellenspannungen bei $1:10^9$ liegen. Die natürlichen Feldstärken sind freilich schlecht bekannt. Sie hängen von der Dicke der Membran ab, die man meist zu rund 10 nm ansetzt. Sie könnte aber vielleicht 10mal so dick sein (Elul 1967; Schmitt u. a. 1969). Dann sänken die natürlichen Feldstärken auf 1/10 und die Verhältniszahlen auf $1:10^6$ bzw. $1:10^8$.

Es gibt noch eine dritte Rechenmethode, welche Bernhardt (1981) anwendet. Er geht davon aus, daß eine erregbare Struktur von 1 – 10 mm Länge im intrakorporalen Feld liegt und berechnet den Spannungsabfall, der auf dieser Länge entsteht. Bei einer intrakorporalen Feldstärke selbst von 24 µV/cm (Tabelle 14) führt diese Rechnung aber nur zu Spannungen von 2,4 bis 24 µV, welche längs der erregbaren Gebilde als Reizspannung entstehen. Diese Annahmen über die Länge erregbarer Strukturen sind aber sicher bei weitem zu hoch. Ein maximaler Längenwert dürfte bei 0,1 mm liegen, was dann zu Spannungsabfällen längs solcher Strukturen von maximal 0,24 µV führen würde. Selbst eine Schwelle von 0,1 mV für ein Miniaturpotential wäre mindestens um 1:400 größer, die für eine Erregungsauslösung um 1:40000.

Die Verhältniszahlen, welche die natürlichen Stromdichten und Feldstärken beim Erregungsvorgang mit den intrakorporalen Gradienten und den Stromdichten des Verschiebungsstroms bei 10 kV/m äußerer Feldstärke vergleichen, sind also erheblich verschieden, je nachdem ob man die Feldstärken oder die Stromdichten zum Vergleich nimmt. Für die Stromdichten ergab sich, falls der Erregungsvorgang und nicht das Miniaturpotential betrachtet wird, ein Verhältnis der natürlichen Ströme und der Verschiebungsströme von rund 20 µA/cm^2 zu rund 0,1 – 0,5 µA/cm^2, oder von 1:200 bis 1:40, je nach dem Autor, dessen Resultate aus Tabelle 13 benutzt werden. Für die Feldstärken liegt das Verhältnis, ebenfalls nur für den Erregungsvorgang betrachtet, nach Tabelle 14 bei 10 µV/cm zu 10^{10} µV/cm oder bei $1:10^9$. Dieser gewaltige Unterschied bedarf nicht nur der Erklärung, sondern auch einer Entscheidung, welcher der beiden Quotienten der realistischere ist und also unseren Sicherheitsüberlegungen zugrunde zu legen wäre.

Der Unterschied im Ergebnis der beiden Modellrechnungen erklärt sich aus folgender Überlegung. Die Membranspannung ist auf den beiden Seiten der Zellmembran lokalisiert zu denken. Diese Membran hat einen sehr hohen spezifischen Gleichstromwiderstand (400 $\Omega \cdot \mathrm{cm}^2$), was bei einer Oberfläche von $5 \cdot 10^{-4}\ \mathrm{cm}^2$ einen Widerstand von $2 \cdot 10^7\ \Omega$ für die ganze Zelle und von $4 \cdot 10^7\ \Omega$ für die Halbkugel ergäbe.

Dieser Widerstand ist für den Fluß des natürlichen Erregungsstroms maßgebend. Für die Durchsetzung der Zellmembran mit Verschiebungsströmen von 50 Hz Frequenz kommt noch der kapazitive Widerstand hinzu, der bei 1 $\mu\mathrm{F/cm}^2$ und $2{,}5 \cdot 10^{-4}\ \mathrm{cm}^2$ Kalottenoberfläche der halben Zellkugel rund $1{,}3 \cdot 10^7\ \Omega$ beträgt. Für den Verschiebungsstrom hat also die Zelle einen Widerstand, welcher der Serienwiderstand von 4 und $1{,}3 \cdot 10^7\ \Omega$ oder rund $10^7\ \Omega$ ist. Würde ein Verschiebungsstrom nach Abb. 1 (rechts) von rund 0,25 $\mu\mathrm{A/cm}^2$ die Kalotte durchsetzen, so entstünde in der Tat an der Zellmembran ein Spannungsabfall von 0,625 mV, was gegenüber der Schwellenspannung von 10 mV nur einen Sicherheitsfaktor von 1:16 bedeuten würde. Tatsächlich aber durchsetzt der Verschiebungsstrom die Zelle, wie in Abb. 1 dargestellt ist, nur mit einem sehr kleinen Teil, da der Membranwiderstand auch für Wechselstrom sehr hoch ist (rund 1 MΩ). Dieser Anteil ist schwer berechenbar. Er bemißt sich aus dem Spannungsabfall, der an den beiden Polen der Zelle anliegt. Bezeichnen wir diese Pole in Abb. 2 mit A und B, und nehmen wir eine Länge der Zelle von 0,1 mm an (was schon ein ungünstiger Wert ist), so liegt an den Polen nach Tabelle 14 im ungünstigsten Fall eine Potentialdifferenz von 0,24 μV. Diese Spannung treibt durch die Zelle dann nur einen Strom von $0{,}24 \cdot 10^{-13}$ A und erzeugt also an der Membran einen Spannungsabfall von nur 0,24 μV. Diese Spannung beträgt nur 1/40000 der Schwellenspannung von 10 mV.

Durch die Schwierigkeiten des unmittelbaren Vergleichs natürlicher und induzierter Ströme und Feldstärken ist es also bedingt, daß die Umrechnung weder auf vergleichbare Feldstärken noch auf vergleichbare Stromstärken den wahren Wert der „Sicherheit“ vor den Wirkungen äußerer elektrischer Felder ergibt. Der Vergleich der die Zelle vermutlich durchsetzenden Verschiebungsströme mit den Schwellenspannungen, welche natürliche Erregungen auslösen, ergibt den vermutlich wahrscheinlichsten Wert: bei 10 kV/m äußerer unverzerrter Feldstärke bleiben die induzierten Felder und Ströme im Körperinnern um rund 1/40000 hinter den Schwellen zurück. Erst eine äußere Feldstärke von 400 Millionen V/m würde das Nervensystem in massive Erregungszustände versetzen. Äußere unverzerrte Feldstärken von 10 kV/m sind also mit Sicherheit im Nervensystem völlig wirkungslos. Ihre Gefährlichkeit könnte nur mit völlig anderen Argumenten begründet werden.

Es könnte noch der Gedanke erwogen werden, daß die intrakorporalen Felder die subcellulären Strukturen der Zelle, Vesikel, Lysosomen, Gene und ähnliche Strukturen verändern. Nun wird in der Tat angenommen, daß z. B. bei der Erregungsübertragung vom Nerven auf den Muskel das dabei entstehende Feld der sog. motorischen Endplatte Vesikel mit Ca-Ionen platzen läßt. Ein solches Feld entwickelt eine Feldstärke, die selbst unter ungünstigen Bedingungen (100 mV Aktionspotential an der Endplatte, 100 μ Faserdurchmesser) etwa 1 kV/m beträgt. Wie uns die Tabellen 14 und 15 zeigen, betragen aber die von außen induzierten intrakorporalen Feldstärken höchstens 36 μV/cm oder 3,6 mV/m, eine Feldstärke, die um 5 Zehnerpotenzen unter der hier wirksamen natürlichen Feldstärke der Endplattenpotentiale liegt. Die Ströme der natürlichen Erregungsprozesse durchsetzen dabei in voller Höhe die Zelle und ihre Membran. Zwar ist die intracelluläre Feldstärke der natürlichen Erregung kleiner, da die schlecht leitende Membran den weitaus größten Teil des Feldes abfängt, wie soeben dargelegt wurde. Verschiebungsströme durchsetzen aber die Membranen von Zellen nicht, falls die Zellen im allseits leitenden Gewebe eingebettet sind. Der Anteil des Verschiebungsstroms, der die Zellen durchsetzt, ist vielmehr wegen des hohen Membranwiderstandes klein, wie ebenfalls dargelegt wurde. Da die Membranwiderstände stark schwanken, ist es sinnlos, genaue Werte für andere als Ganglienzellen anzugeben. Es ist aber wenig wahrscheinlich, daß die an Einzelzellen erhobenen Befunde (vgl. Kap. 7.3.3) sich auf die Wirkung von Verschiebungsströmen an Zellen innerhalb des Körpers übertragen lassen.

7.3.5 Summationsphänomene

Wenn die Energie der Strahlung, welche von den niederfrequenten Feldern ausgeht, so niedrig ist, daß molekulare Effekte ausgeschlossen sind (vgl. Tab. 11), dann erscheint es uns ebenfalls ausgeschlossen, daß sich Effekte langzeitiger Expositionen zu Schäden summieren, welche man bei kurzzeitiger Exposition nicht findet. Summationsphänomene im elektrobiologischen Bereich sind zwar bekannt, betreffen aber nur sehr kurzdauernde Effekte, da die Membranen durch ihre elektromotorischen Eigenschaften immer wieder, und in wenigen Millisekunden, zur Ruhelage zurückkehren. Phänomene einer „Bahnung" im Nervensystem, welche hier als Folge summativer Prozesse auftreten könnten, sind also selbst über Sekunden hinweg kaum denkbar, geschweige denn über Tage oder Monate (vgl. Schaefer 1957, S. 699). Auch sonst sind elektrobiologische Wirkungen, die auch nur vermutungsweise Schäden durch Summation erwarten ließen, nicht bekannt, wie insbesondere eine eigene Darstellung dieses Problems ergibt, der sich auch bis heute nichts Neues in dieser Hinsicht hinzufügen läßt (Schaefer 1957, S. 724ff). Gäbe es freilich Mechanismen der Art, wie sie das Gedächtnis benutzt, im Bereich der Membranen und ihrer Beeinflussung durch das intrakorporale Feld, so könnte man sich zur Not summative Feldwirkungen vorstellen. Die dem Gedächtnis zugrunde liegenden Mechanismen sind aber wenig bekannt, die Theorien widersprüchlich, Modellvorstellungen nicht vorhanden, so daß es derzeit reine Spekulation wäre, gedächtnisartige Summationen bei elektrischen Feldwirkungen anzunehmen. Gäbe es solche Effekte, so sollten sie sich in den oben beschriebenen Beobachtungen haben zeigen lassen. Selbst wenn ein Gedächtnis in elektrosensitiven Zellen (vgl. Kap. 7.3.7) oder in deren zentralen Verschaltungen vorläge, würde damit kein Schaden gesetzt werden.

Die bekannten Summationsphänomene, welche den Menschen geschädigt haben, Röntgen- und Radiumstrahlen nämlich, taten das durch ihre Wirkung auf den Zellchemismus, ein Effekt, der hier völlig unmöglich ist.

Man wird nach heutiger Kenntnis des Problems sagen dürfen, daß schädliche Summationseffekte extrem unwahrscheinlich sind.

7.3.6 Ozon als Wirkstoff

Die Aufzählung möglicher Modelle für die spärlichen Wirkungen elektrischer Felder darf die Möglichkeit nicht übersehen, daß Ozon, das sich an Leitungen durch Sprühentladung bildet, die Ursache solcher Effekte sein könnte, zumal Ozon mannigfache subjektive Störungen, u. a. Kopfschmerz, verursacht (Wirth u. a. 1981, S. 82). Messungen von Droppo (1979) haben aber ergeben, daß die Ozonkonzentrationen in der Nähe von Hochspannungsleitungen sehr gering und biologisch sicher wirkungslos sind. Andere chemische Agentien, welche an Hochspannungsleitungen entstehen könnten, sind nicht bekannt.

7.3.7 Elektrosensitive Tiere als Modell

Im Gegensatz zum Menschen, der die elektrischen Felder offenbar nicht wahrnehmen kann, gibt es Tiere, welche sich auf deren Wahrnehmung zum Zweck des Beutefangs spezialisiert haben. Es handelt sich immer um Fische, welche die Tatsache ausnutzen, daß andere Fische um sich herum im Wasser schwache elektrische Felder ausbilden.

Die hier verwandten elektrosensitiven Sinnesorgane sind die Lorenzini-Ampullen, histologisch wohl definierte Strukturen, insbesondere an den Seitenlinien der Fische. Hierüber gibt es zahlreiche experimentelle Angaben (Lit. bei Kalmijn 1974). Wir haben in Tabelle 15 einige Beispiele besonders empfindlicher Reaktionen (d. h. niedriger Schwellen) wiedergegeben, und zwar hinsichtlich des Schwellen-Gradienten der Feldspannung und der Schwellen-Stromdichte. Man erkennt nun sofort, daß diese hochspezialisierten Elektroreceptoren auf Feldstärken und Stromdichten ansprechen, welche um 1/1000 niedriger liegen als die im Körperinnern erzeugten Verhältnisse eines Menschen in einem äußeren Feld von 10 kV/m Feldstärke.

Bei direkter Durchströmung von Lorenzini-Ampullen mit intracellulären Mikroelektroden ergaben sich freilich höhere Schwellen von $8 \cdot 10^{-9}$ A/cm^2 (0,01 nA Stromstärke in der Elektrode) und umgerechneten Feldstärken von etwa 0,5 µV/cm (Bromm u. a. 1976). Selbst ein so relativ simples Gebilde wie das Bauch-Ganglion einer Molluske (Aplysia) reagiert noch auf 2 µA/cm^2 und 0,6 nA (Wachtel 1979).

Tabelle 15. Modell: Wassertiere, Schwellen für Verhalten (empfindlichste Reaktion). Alle Schwellen sind mit Gleichspannung ermittelt worden

Objekt, Autor	Gradient µV/cm	Stromdichte A/cm²	
Raja clavata (KALMIJN 1966)	0,01	$5 \cdot 10^{-10}$	Rechteckstrom, 5 Hz Pulse
Raja ocellata (MURRAY 1965)	1,0	$(5 \cdot 10^{-11})$	Gleichstrom oder Rechteckpulse
Gymnarchiden (MACHIN und LISSMANN 1960)	0,15	$1 \cdot 10^{-10}$	Gleichstrompulse verschiedener Länge und Frequenz
Verhältnisse beim Menschen im Wechselfeld von 10 kV/m unverzerrter Feldstärke, intrakorporale Verhältnisse zum Vergleich	10–36	$0{,}6-1{,}2 \cdot 10^{-7}$	

Wären also hochsensible Fische einem trockenen Feld von nur 10 V/m ausgesetzt, so müßten die erzeugten intrakorporalen Felder auf Zellen solcher Empfindlichkeit Reizwirkungen ausüben, falls die Leitfähigkeitsverhältnisse die eines Menschen wären. Denn ein Mensch im Feld von 10 kV/m hat 1000fach höhere intrakorporale Feldstärken und Stromdichten, als für die Reizwirkung der Lorenzini-Ampullen erforderlich ist!

Vögel reagieren im Flugverhalten schon auf ein gemischtes elektromagnetisches Feld von 0,07 V/m und 0,1–0,5 µT (LARKIN und SUTHERLAND 1977). Von anderen Autoren werden seltsamerweise sehr hohe Schwellen (45 kV/m) der Orientierung in elektrischen Feldern angegeben (GRAVES, zit. nach BRIDGES und PREACHE 1981). Bei Affen sollen schon 10 V/m das Verhalten (Frequenz des Tastendrückens in einer Skinner-Box) ändern (GAVALAS-MEDICI u. a. 1976) (Tab. 4). WEVER (1968) fand beim Menschen schon bei 2,5 V/m die circadiane Rhythmik beeinflußt (vgl. Tab. 5). Wenn dieser Befund freilich reell sein sollte, müßte irgendwo beim Menschen ein Sinnesorgan vorhanden sein, das noch 4mal empfindlicher ist als die empfindlichste Lorenzinische Ampulle. Da das sehr unwahrscheinlich ist, wagen wir, die Interpretation der übrigens niemals nachgeprüften Befunde WEVERS zu bezweifeln, zumal sich WEVER selbst nie über eine mögliche Erklärung geäußert hat. GRISSETT (1979) fand Effekte auf den Stoffwechsel und das Wachstum des Affen bei 20 V/m (vgl. Tabellen 1 und 3). Diese an sich so unverständlichen Daten könnten durch die Befunde bei Fischen nicht mehr völlig unwahrscheinlich erscheinen. Auch der Befund von ADEY (1975) und KACZMAREK und ADEY (1974), daß ein Gradient von 2,5 µV/cm bereits den Ca-Ausstrom aus den synaptischen Enden steigert, gewinnt an Plausibilität.

Diese Daten beweisen also die Richtigkeit folgender Aussagen:

1. Es gibt bei Tieren Sinnesorgane, die hochempfindlich auf elektrische Felder reagieren und bei denen Felder, wie sie unter Freileitungen auftreten, mit hoher Wahrscheinlichkeit Empfindungen auslösen würden.

2. Diese Effekte führen zu Wahrnehmungsleistungen, die für diese Tiere von hohem Vorteil sind. Schädigungen aber lassen sich aus diesen Beobachtungen nicht ableiten.

3. Ähnlich elektrosensitive Zellen sind beim Menschen nicht bekannt. Vielleicht gibt es auch beim Menschen Reaktionen auf schwache Magnetfelder, nicht aber auf elektrische Felder.

4. Die von russischen Autoren berichteten Feldwirkungen lassen sich auch mit diesen Daten nicht deuten. Es gibt für sie keine Modelle.

5. Insbesondere ist es nicht möglich, bioklimatische Wirkungen, z. B. die bekannten Mißempfindungen bei bestimmten Wetterlagen, auf die Wirkung schwacher elektrischer Felder zu beziehen. Die meteorologischen Daten zeigen sogar extrem hohe Spannungen der Luftelektrizität, und die meteorologische Situation ist extrem komplex und besteht keineswegs nur aus elektrischen Komponenten. Es ist also insgesamt wenig wahrscheinlich, daß sich beim Menschen phylogenetisch derart hochsensible Elektroreceptoren entwickelt haben oder als Reste einer überholten phylogenetischen Entwicklungsstufe erhalten blieben. Schäden würden dadurch erst recht nicht entstehen können.

7.4 Abschließende Feststellungen

Das Ergebnis der vielseitigen und schwierigen Überlegungen ist also, daß elektrische Felder mit hoher Wahrscheinlichkeit keine biologischen Effekte machen, welche in nachweisbarer und unbezweifelbarer Form die menschliche Gesundheit schädigen. Experimente ergaben nirgends Anhaltspunkte; epidemiologische Beobachtungen am Menschen haben zwar zu einigen Behauptungen geführt, welche einen Gesundheitsschaden annehmen, doch ist in allen diesen Untersuchungen ein Nachweis, daß die angeblich beobachteten Wirkungen existieren oder auf Feldeinwirkungen bezogen werden müssen, teils nicht unbestritten, teils gar nicht geführt worden.

Den Behauptungen, elektrische Felder könnten schädlich sein, stehen also keine Beweise gegenüber.

Wir wollen diese Feststellungen abschließend noch einmal kritisch prüfen.

8 Die wissenschaftstheoretische und die politische Seite des Problems

8.1 Sicherheit der Aussagen

Den abschließenden Feststellungen kann (und wird) entgegnet werden, daß das Fehlen von Befunden, welche auf Gesundheitsschäden hindeuten, niemals einen Beweis dafür liefere, daß nicht mit anderen Beobachtungsmethoden Befunde erhalten werden könnten.

Dieses Argument ist aus folgenden Gründen falsch.

a) Es wird von uns nicht behauptet, elektrische Felder seien biologisch wirkungslos. Wirkungen sind auf Sinnesorgane, auf die Haut (durch Haarvibration) und auf die Leukocytenzahl entweder sicher nachgewiesen oder sehr wahrscheinlich gemacht worden. Keine dieser Feststellungen berechtigt aber, Schäden anzunehmen.

b) Schäden könnten durch Effekte entstehen, welche wir nicht beobachtet haben. Diese Annahme ist aber aus zwei Gründen wenig wahrscheinlich. Erstens ist die Zahl möglicher Einwirkungen auf biologische Prozesse begrenzt. Wir haben diese Möglichkeiten (Strahlung mit Übertragung von Energiequanten, Reizwirkungen) so weit untersucht und durchgerechnet, wie es derzeit plausible Annahmen über elektrochemische, elektro-elektrische oder elektromechanische Wechselwirkungen gibt. Es kann freilich grundsätzlich nicht ausgeschlossen werden, daß biologische Effekte bislang völlig unbekannter Natur entstehen. Der hohe Komplikationsgrad biologischer Prozesse macht es praktisch unmöglich, die Existenz solcher Prozesse zwingend zu leugnen.

c) Das zweite, wesentlich durchschlagendere Argument, mit dem „Schäden" auszuschließen sind, ist die klinische Beobachtung bei Menschen, welche lange Zeit der Wirkung hoher elektrischer Feldstärken ausgesetzt waren. Beobachtungen dieser Art sind in Tabelle 8 zusammengefaßt worden, doch ergab sich kein Hinweis auf Gesundheitsschäden allgemeiner Art. Erst wenn, wie in Tabelle 10, besonders störanfällige biologische Prozesse (an Keimzellen, Tumorwachstum) registriert werden, ist die Existenz von Effekten behauptet worden. Doch wurde keine dieser Angaben positiv bestätigt. Die Effekte finden sich häufig „spontan", d. h. aus unbekannter, aber sicher von elektrischen Feldern unabhängiger Ursache. Der Zusammenhang in den Fällen der Tabelle 10 ist unerklärbar, d. h. es fehlen Modelle zur Erklärung der behaupteten Zusammenhänge. Diese Angaben tragen also derzeit noch die Kennzeichen der in den ersten russischen Arbeiten vorgebrachten Behauptungen: sie sind ungeprüft und spekulativ und werden sich vermutlich, wenn sie ebenso sorgfältig geprüft werden wie die russischen Behauptungen, nicht bestätigt finden.

8.2 Die wissenschaftstheoretische Situation

Die Problematik, welche hier zur Entscheidung ansteht und durch die enormen volkswirtschaftlichen Kosten ihre praktische Bedeutung erhält, ist also theoretisch derzeit so gelöst, daß eine Mischung von Plausbilitätsannahmen, Modellvorstellungen und Meßergebnissen zu einer Hypothese zusammenfließen. Bezüglich dieser Bestandteile des hypothetischen Konglomerats findet sich nun in verschiedenen Köpfen eine unterschiedliche Beurteilung vor. Man kann sich diese wissenschaftstheoretische Lage sehr gut an dem POPPERschen Gedankengang der Drei-Welten-Theorie klarmachen.

Die erste Welt nach POPPER (1973) ist die Welt der physikalischen Gegenstände und Zustände. Schon diese Welt ist kontrovers, da es eine Reihe von Wissenschaftlern gibt, welche Behauptungen über Feldwirkungen aufstellen, welche sich in „kritisch" arbeitenden Laboratorien nicht bestätigt finden. Was aber heißt hier „kritisch"? Der Naturwissenschaftler hat einen Instinkt für Untersuchungsstile, denen er traut oder mißtraut, und jeder erfolgreiche Forscher pflegt seine wissenschaftlichen Kontrahenten nach bestimmten persönlichen Kriterien zu beurteilen. Unser Urteil ist, daß manche angeblich positiven Beobachtungen von Forschern behauptet werden, denen es auf dem fraglichen Sektor an experimenteller Erfahrung mangelt. Doch wird von seiten der hier vor allem gemeinten Wissenschaftler, die dem Forschungsbereich Bioklimatologie angehören, gerade das Umgekehrte behauptet und denen die experimentelle Kompetenz abgesprochen, welche die behaupteten bioklimatischen und Feld-Wirkungen nicht bestätigen konnten. Das Grenzgebiet Bioklimatologie ist in der Tat schwierig, und wir werden auf diese Schwierigkeit unten näher eingehen. Auch nach unserer Meinung gibt es Grenzfälle, wo das Urteil, ein uns nicht „passendes" Ergebnis sei die Folge mangelhafter Qualität des entsprechenden Forschers, ein wenig gewagt sein dürfte. Dies ist auch der Grund, warum wir davon absehen müssen, Qualitätsvorbehalte mit bestimmten Arbeiten und Namen zu verbinden. Wir wollen nur zu bedenken geben, daß sich (wie überall in der Wissenschaft) Widersprüche in Fakten nicht nur auf die Fakten beziehen, sondern auf Unterschiede des kritischen Reflexionsvermögens und der Experimentierkunst der Wissenschaftler. So banal diese Feststellung auch für den erfahrenen Wissenschaftler ist, so sehr muß sie bei einem ökonomisch und daher auch politisch brisanten Thema dem öffentlichen Urteil unterbreitet werden.

Die zweite Welt nach POPPER hat bereits sehr viel mit diesem Dilemma des wissenschaftlichen Urteilsvermögens zu tun. Sie ist die Welt der Bewußtseinszustände. Diese Welt ist also in unserem Zusammenhang deshalb besonders belangvoll, weil das Verhalten zu den sog. Tatsachen nicht mehr homogen ist. Emotionale Einflüsse, insbesondere Angst bei existentieller Betroffenheit, spielen eine große Rolle. Der Kenner der medizinischen Seite des Problems kann z. B. sicher voraussagen, daß heute schon epidemiologische Untersuchungen extrem schwierig geworden sind, weil die zu untersuchenden Probanden von angeblichen Gefahren gehört haben und daher mit Angst und allen aus ihr fließenden leiblichen Reaktionen antworten könnten. Journalistische Darstellungen haben erhebliche Wirkungen dieser Art, so wenn selbst in seriösen Zeitungen Balken-Überschriften des Inhalts erscheinen: „Ist der Strom der Mörder“? (Paul 1976), oder wenn der (bislang umstrittene) plötzliche Kindestod elektromagnetischen Feldern zugeschrieben wird (Eckert 1976), wobei diesem Autor groteske Irrtümer sofort nachzuweisen (Schaefer u. Silny 1977) und bessere Erklärungen zur Hand sind (Naeye 1980, Schiffmann u. a. 1980). Es werden elektromagnetische Felder bei Schlaflosigkeit angewandt, auf ebenso unkritische Weise (Grünner 1978). Unser Körper wird als „Antenne“ bezeichnet und daraus auf die Gefährlichkeit der Felder geschlossen (Güntheroth 1980). Es wird das Schlagwort vom „Elektrischen Smog“ (Ponte 1980) oder vom Elektrostreß (König 1976, 1977) geprägt, ohne daß die Kriterien des „Stresses“ dabei beachtet würden. Es hat sich also ein Bewußtseinszustand hinsichtlich möglicher elektrischer Feldwirkungen entwickelt, der etwa so aussieht, daß man die Unerklärlichkeiten bioklimatischer Effekte ohne Beweis auf elektrische Felder bezieht, die schlecht dokumentierten, vor allem aber auch die notorisch falschen Angaben über Feldwirkungen hinzunimmt, damit fragwürdige Hypothesen über die biologischen Mechanismen dieser angeblichen Feldwirkungen aufstellt und eine Art „elektrischer Mystik“ entwickelt, die dann seltsamerweise dazu dient, bei elektrischen Feldern anderer Frequenzen und kleiner Feldstärke von wohltätigen Wirkungen zu berichten und im Handel befindliche Geräte zu empfehlen, die solche Wirkungen auslösen sollen. Müde Autofahrer sollen munter werden (so in der ADAC-Motorwelt 1977 (3) 57), im Großraumbüro steigt unter elektrischer Einwirkung angeblich die Konzentrationsfähigkeit (Lang 1977), es wird ein „Bioklima durch Elektroklimatisierung“ (Lang 1974) durch Apparate künstlich hergestellt etc. Solche Angaben beziehen sich zwar meist entweder auf Gleichstromfelder oder auf luftelektrische Felder, meist niederfrequent modulierter Hochfrequenzen („Spherics“); sie dienen uns hier nur als Beispiele eines Bewußtseins von elektrisch-biologischen Effekten, die mit hoher Wahrscheinlichkeit alle das Produkt einer phantastischen Bewußtseinslage sind. Daß bioklimatische Effekte existieren, steht dabei außer Zweifel. Ob sie elektrisch bedingt sind, ist fraglich, und kritische Referenten sind im Urteil sehr zurückhaltend (Reiter u. a. 1975).

Die dritte Welt Poppers ist die der objektiven Gedankeninhalte, durch Wissenschaft und Kunst repräsentiert; es ist eine Welt des elitären Denkens, in welche die unklaren Geister der mystischen Konzepte nicht vordringen. Es bleibt jedoch die Frage, wie faktisch zwischen einer elitären Denkweise, z. B. dem Denken von Nobelpreisträgern, und dem unterschieden werden kann, was wir hier „elektrische Mystik“ nennen. Es gibt keine Kriterien, diese Welten von außen zu unterscheiden. Die Tatsache, daß auch eine Konferenz sehr elitären Charakters, mit zahlreichen Nobelpreisträgern, erstaunlich unsinnige praktische Konsequenzen ziehen kann, ist u. a. durch die berühmte Ciba-Konferenz „Man and his future“ (Wolstenholme ed. 1963) bewiesen worden (hierzu Schaefer 1983). Wenn in unserer Welt mystisches, angstbesetztes Denken fortschreitet, ist eine von der Wissenschaft ausgehende Korrektur dieses Denkens nur in engen Grenzen möglich.

8.3 Glaubwürdigkeit und Diffamierung

Jede naturwissenschaftliche Aussage ist in der Regel durch so schwierige Experimente begründet, in ihren Bezügen so vernetzt und durch die theoretischen Zusammenhänge so kompliziert, daß ihre Anerkennung in der Regel ein Akt des Vertrauens ist. Eine Nachprüfung wäre nur wenigen Experten möglich. Die Glaubwürdigkeit stellt sich für den mit der Sache nicht intim Vertrauten durch den paradigmatischen Zusammenhang her, in den die Aussage paßt. Dieser Zusammenhang entscheidet über die Akzeptanz einer wissenschaftlichen Veröffentlichung.

Insofern ist auch die Naturwissenschaft weit mehr auf eine generelle „Weltanschauung" und auf „Glauben" gegründet, als der Naturwissenschaftler glaubt. Wer z. B. das Buch von PIPER (1962) über den Glauben liest, wird auf Schritt und Tritt feststellen, daß das theologische Problem des Glaubens mit der naturwissenschaftlichen Akzeptanz von Theorien weitgehend formal übereinstimmt.

Es stellt sich bei diesen Betrachtungen also immer wieder heraus, daß die Interpretation von Tatsachen durch eine große Tatsachenbereiche umfassende Theorie nach philosophischen Maßstäben erfolgt, die oft genug von Wissenschaftlern selbst nicht erkannt wurden und Folge des Denkens in bestimmten Modellvorstellungen (Paradigmata) sind, wie es KUHN (1967) in seiner Theorie des wissenschaftlichen Denkens ausführt. Wir haben es gerade bei der Beurteilung der Wirkung elektrischer Felder mit paradigmatischen Denkschemata zu tun, welche teils solche Wirkungen, nach der allgemeinen Theorie der naturwissenschaftlichen Biologie, für unwahrscheinlich wenn nicht für unmöglich halten, welche teils aber nach Kriterien, welche der Naturwissenschaftler für spekulativ hält, solche Wirkungen als möglich oder gar wahrscheinlich ansehen. Je nach dem paradigmatischen Standpunkt des Wissenschaftlers beurteilt er Ergebnisse experimenteller Art sehr verschieden. In der Bioklimatologie, wo die Kriterien der Beurteilbarkeit besonders schwierig zu definieren sind, weil alle Vorgänge so enorm komplex (multifaktoriell bedingt) sind, ist die Spaltung in paradigmatische Feldlager besonders eindrucksvoll, wie wir schon betonten.

Hierzu ein Beispiel. KÖNIG (1975, S. 113) bezeichnet in seinem Buch, das sich mit den 3 Problemen Wetterfühligkeit, Feldeffekten, Wünschelruten als Problemfelder elektromagnetischer Kräfte beschäftigt, negativ verlaufene Experimente als „Mißerfolge". Er sagt dann: „Solche Mißerfolge sind jedoch gegenüber den auf internationaler Basis inzwischen vorliegenden eindrucksvollen Berichten über erfolgreiche Experimente auf diesem Gebiet in der Minderzahl. Sie können ... als Hinweise darauf verstanden werden, daß solche Forschungsvorhaben – extrem komplizierte und delikate Vorgänge – wohl nur von einem Forscherteam erfolgreich analysiert werden können, das über eine jahrelange Erfahrung auf diesem komplexen Gebiet verfügt." Wir finden also das gleiche Argument mit umgekehrter Paradigmatik, das wir oben (Kap. 8.2) schon darlegten. Der (in unseren Augen) kritische Forscher hat zu wenig Erfahrung mit den „delikaten" Vorgängen und findet deshalb nichts, so sagt nunmehr KÖNIG, der als Physiker die Problemlage der Biologie freilich auch nicht überschauen dürfte.

Eine andere paradigmatische Umkehr ist nicht selten von der Struktur, daß der Verfechter positiver Feldwirkungen dem, der diese bestreitet, eine Voreingenommenheit durch persönliche Interessen vorwirft, die ihn als Vertreter der Elektroindustrie leiten. So äußerte sich z. B. WARNKE (s. o., S. 18). Er drückte seine Skepsis auch mir gegenüber aus, weil ich die Berufsgenossenschaft vertrete (die doch eine völlig neutrale Instanz ist).

Die Lage ist also so, daß man den einen attestiert, ihre Angaben seien unglaubhaft, weil sie die erforderliche kritische Haltung vermissen ließen, den anderen, daß ihre „Mißerfolge" im Nachweis von Effekten teils ihrer geringen Erfahrung mit der delikaten Materie, teils ihrer von Interessen bestimmten Voreingenommenheit zu verdanken seien. In diesem Dilemma des Urteilens gibt es keine neutrale Instanz. Es ist sogar teilweise richtig, daß die Zahl der Arbeiten mit positiven Resultaten diejenigen der Arbeiten mit fehlenden Resultaten überwiegt, weil auf dem Gebiet der Klimabiologie nur sehr wenige Forscher von hoher wissenschaftlicher Qualität tätig sind – hohe Qualität beurteilt nach dem Standpunkt derjenigen, welche auf der entsprechenden Seite der Front stehen, und weil deren Arbeitsmethoden zudem extrem kostspielig sind.

Nun läßt sich hinsichtlich der Wirkung elektrischer Felder glücklicherweise sagen, daß die Zahl der Arbeiten, in denen von bedrohlichen Effekten berichtet wird, tatsächlich klein ist gegenüber der Zahl der Arbeiten mit kritisch-negativem Ergebnis. Das liegt vor allem an den hohen Kosten solcher Unternehmungen, was wiederum bedingt, daß sie nur mit Unterstützung der Industrie oder des Staates durchführbar sind. Der Staat (das Bundes-Forschungsministerium) versagte der Arbeitsgruppe, mit der ich zusammenarbeite, seine Unterstützung, da man die bloße Feststellung einer Unwirksamkeit nicht mit staatlichen Mitteln fördern könne! Der Widerspruch bleibt auf allen Ebenen konstant.

Nun läßt sich die Situation der Forschung auch so definieren, daß es eine doppelte Wahrscheinlichkeit gibt, in der Sache richtige oder falsche Entscheidungen zu treffen.

Die erste Wahrscheinlichkeit betrifft die richtige Wahl des Paradigma. Ist der (wie wir sagen) mystische Standpunkt von unbekannten, aber reellen Wirkungen elektrischer Felder wahrscheinlich richtiger als der ablehnende kritische Standpunkt? Wir bezweifeln das deshalb, weil die positive Hypothese (d. h. die Annahme von schädlichen Feldwirkungen) sich in keinem einzigen Fall widerspruchsfrei bestätigt hat und, selbst angesichts der positiven Befunde der Tabellen 8 und 10, Schäden in allgemeiner Übereinstimmung nicht gefunden wurden. Die Hypothese ist also falsifiziert, ihre Voraussage hat sich nicht bestätigt.

Die zweite, von der ersten völlig unabhängige Wahrscheinlichkeit betrifft diejenigen, die erkranken würden, falls der (unwahrscheinliche) Fall der Richtigkeit einer Annahme positiver Feldwirkungen zutreffen sollte. Diese Wahrscheinlichkeit ist nun in allseitiger Übereinstimmung als klein zu bezeichnen, da auch die wenigen positiven Befunde, welche beschrieben (aber nicht bestätigt) wurden, mindestens selten sind.

Kombiniert man beide Wahrscheinlichkeiten, so wird man berechtigt sein anzunehmen, daß von einer manifesten „Gefahr" durch elektrische Felder nicht gesprochen werden kann.

Eine Änderung dieses Standpunktes könnte also nur durch den Nachweis häufigerer Schäden, die im dringenden Verdacht des Zusammenhangs mit Feldern stehen, herbeigeführt werden. Bis dieser Fall vorliegt, müßte man also den (extrem unwahrscheinlichen) Fall in Kauf nehmen, daß eben doch einige Menschen an nicht gesicherten Feldwirkungen, z. B. an Leukämie, erkranken. Es wären die Opfer, welche eine Allgemeinheit fordert, um sich eine Kostensumme von 150 Milliarden, also rund DM 3000 pro Kopf der Erwachsenen, zu ersparen. Da die Schädigung extrem unwahrscheinlich ist, d. h. ein solcher Fall nicht etwa selten auftreten würde, sondern eben mit hoher Wahrscheinlichkeit gar nicht auftreten kann, ist diese Einstellung der Öffentlichkeit ethisch korrekt. Eine Änderung könnte nur angesichts neuer Befunde nahegelegt werden.

Wir dürfen diese Argumentation nicht abschließen, ohne zwei Tatsachen zu nennen, welche eine steigende Gefahr für unsere ökonomische Situation darstellen.

Erstens gewinnt eine Denkweise, die der hier praktizierten diametral entgegengesetzt ist, an Boden. Sie ist gekennzeichnet durch einen Vertrauensverlust der etablierten Wissenschaft einerseits, eine wachsende Popularisierung pseudowissenschaftlicher Argumente andererseits.

Zweitens nimmt, im Einklang mit der Entwicklung der Pseudowissenschaft, eine kommerzielle Ausbeutung pseudowissenschaftlicher Behauptungen zu: z. B. die Forderung nach Entstrahlung, Schutz vor Feldern, aber auch künstliche Erzeugung der natürlichen Felder in Wohnungen und Arbeitsstäten. Es wird ein „Geschäft mit der Angst" betrieben (Danielewski 1981).

Solche Entartungserscheinungen hat es zu allen Zeiten gegeben. Darstellungen mystischer Praktiken aus allen Jahrhunderten legen davon Zeugnis ab (Prokop 1974; Prokop u. Wimmer 1977). Sie sind der Ausfluß der wissenschaftstheoretischen Situation. Die in dieser Schrift vorgelegten Probleme sind selbst ein paradigmatisches Beispiel dafür, daß

- durch die objektive Unentscheidbarkeit vieler Fragen, gerade auch von praktischer Bedeutung, und die Tatsache, daß man Hypothesen nur falsifizieren, aber in der Regel nicht beweisen kann, Wissenschaft für den Laien fragwürdig wird;
- durch die Unüberschaubarkeit auch des nicht Bezweifelbaren die Richtigkeit selbst im Falle der Entscheidbarkeit nicht mehr erkennbar ist;

– durch diese sinkende Einsehbarkeit die Glaubwürdigkeit auch objektiv falscher Hypothesen in dem Maße wächst, wie diese Hypothesen Erwünschtes oder scheinbar Evidentes (für den Laien in seiner Erfahrungswelt Evidentes) vertreten.

Die Medizin ist, da sie an Kompliziertheit ihres Gegenstandes, also auch an der Uneinsehbarkeit ihrer Probleme, an der Spitze der Wissenschaften steht, ein besonderes Tummelfeld der Vertreter von Pseudologie. Die Wirkung elektrischer Felder ist ein besonders gut durchleuchtbares Beispiel dieser Situation.

9 Literatur

Aarholt, E., Flinn, E. A., Smith, C. W.: Effects of low-frequency magnetic fields on bacterial growth rate. Phys. Med. Biol. 26:(4):613–621 (1981)

Adey, W. R.: Effects of electromagnetic radiation on the nervous system. Ann. N.Y. Acad. Sci. 247:15–20 (1975)

Adey, W. R., Bawin, S. M.: Brain interactions with weak electric and magnetic fields. Neurosci. Res. Progr. Bull. 15 (1):1–129 (1977)

Algers, B., Ekesbo, I., Hennichs, K.: The effect of ultra high-voltage transmission lines on the fertility of dairy cows. A preliminary study. Swedish University of Agriculture Sciences. Department of Animal Hygiene with Farrier's School. Report 5 (1981)

Altmann, G.: Die physiologische Wirkung elektrischer Felder auf Organismen, Arch. Met. Geoph. Biokl. Sci. B. 17:269–290 (1969)

Altmann, G., Lang, S.: Die Revieraufteilung bei weißen Mäusen unter natürlichen Bedingungen, im Faraday'schen Raum und in künstlichen luftelektrischen Feldern. Z. Tierpsychol. 34:337 (1974)

Altmann, G., Soltau, G.: Einfluß luftelektrischer Felder auf das Blut von Meerschweinchen. Z. angew. Bäder- und Klimaheilk. 21:28–32 (1974)

Altmann, G., Warnke, U.: Unspezifische analoge Reaktion von Mäusen auf starke elektrische Felder und elektrische Abschirmung. Z. physikal. Med. 7 (3):137–143 (1978)

Amon, G.: Intermediärer Stoffwechsel, Elektrolythaushalt und Verhalten der Hormone bei der Einwirkung elektrischer Felder auf den Menschen. Diss. Med. Fak. Freiburg i. Br. 1977

Andre-Fontaine, G., Pupin, F., Le Bars, H., Cabanes, J.: Résultats de quelques études expérimentales sur l'eventuelle action des champs électriques et magnétiques de basse fréquence. Conf. IVSS Wien 1980, 35–43

Andrienko, L. G.: Experimental effect of an industrial-frequency electromagnetic field on the generative function. Gig. Sanit. 22–5 June 1977

Andrienko, L. G., Dumanskij, J. D., Ručenko, V. F., Malesko, G. I.: Der Einfluß des elektrischen Feldes der Industriefrequenz auf die androgene Funktion. Vrač. delo. Kiev. 1977 (9):116–118

Anonymus: Measurement of electric field in the vicinity of HV installations. Results und lessons. CIGRE. Int. Conf. on Large Voltage electr. Systems 30. 8. – 7. 9. 1978, Paris, Nr. 36–07

Anonymus: Biological effects of high-voltage electric fields: An update Final Report. EPRI-EA-1123 Vol. 1 und 2 RP 0857 – 1 July 1979

Anonymus: Champs électriques et magnétiques engendrés par les réseaux de transport. Groupe de Travail 36.01 Paris CIGRE 1980

ANSELM, D., DANNER, H., KIRMAIER, N., KÖNIG, H. L., MÜLLER-LIMMROTH, W., REIS, A., SCHAUERTE, W.: Einfluß von luftelektrischen Impulsfeldern auf das Fahr-und Reaktionsverhalten. Münch. med. Wschr. 119 (23):813–816 (1977)

ASANOVA, T. P.: On the influence of high intensity electric field on the organism of workers. (Materials of the Scientific Session devoted to the results of the Leningrad Institute of Hygiene of Labor and Occupational Diseases 1961–1962) 1963

ASANOVA, T. P., RAKOV, A. N.: Health conditions of workers exposed to an electric field of open switchboard installations of 400–500 kV. Preliminary report. Gig. Tr. Prof. Zabol. 10:50–52 (1966)

ASANOVA, T. P., RAKOV, A. N.: Health conditions of workers exposed to an electrical field of 400–500 kV open distributing installations. Soviet Biotechnology and Bioastronautics V (5):50–52 (1969)

ATOIAN, G. E.: Are there biological and psychological effects due to extra high-voltage installations? IEEE Power Engineering Soc. Winter Meeting F 77-195-1 (1977)

BANKOSKE, J. W., MCKEE, G. W., GRAVES, H. B.: Ecological influence of electric fields. EPRI EA-178 (Res. Prof. 129) Interim Rep. 2. EPRI, Palo Alto 1976

BANKOSKE, J. W., POZNANIAK, D. T., MCKEE, G. W., GRAVES, H. B., BRIDGES, J. E.: Biological effects of ELF electric fields. Some U.S. research results. CIGRE 1978 Session, 30. 8.–7. 9. Nr. 36–05

BARLOW, H. B., KOHN, H. J., WALSH, E. G.: Visual sensation aroused by magnetic fields. Amer. J. Physiol. 148:372 (1947)

BARNOTHY, M. F.: Hematological changes in mice. In: M. F. Barnothy (ed.), Biological effects of magnetic fields. Plenum Press, New York 1964, 109–126

BARNOTHY, M. F.: Biological effects of magnetic fields. Progress in Biometeorol. 1: 392–9, 677–681 (1974)

BARNOTHY, J. M., BARNOTHY, M. F., BOSZORMENYI-NAGY, I.: Influence of a magnetic field upon leukocytes of the mouse. Nature 177: 577 (1956)

BARTHOLD (Chairman), L. O. u. a.: Electromagnetic effects of overhead transmission lines. Practical problems, safeguards, and methods of calculation. IEEE, PES Meeting Vancouver, July 1973. Paper T 73 441–3

BAUCHINGER, M., HAUF, R., SCHMID, E., DRESP, I.: Analysis of structural chromosome changes and SCE after occupational long-term exposure to electric and magnetic fields from 380 kV-systems. Radiat. Environm. Biophys. 19:235–238 (1981)

BAUM, S. J.: Tests of biological integrity in dogs exposed to an electromagnetic pulse environment. Health Phys., 36 (2):159–165 (1979)

BAUM, S. J. u. a.: Biological measurements in rodents exposed continuously throughout their adult life to pulsed electromagnetic radiation. Defence Nuclear Agency, Bethesda, AFRI SR 75–11 (1975)

BAWIN, S. M., SHEPPARD, A., ADEY, W. R.: Possible mechanism of weak electromagnetic field coupling in the brain tissue. Bioelectrochemistry and Bioenergetics 5:67–76 (1978)

BAYER, A., BRINKMANN, J., WITTKE, G.: Experimentelle Untersuchungen an Ratten zur Frage der Wirkung elektrischer Wechselfelder auf Lebewesen. Elektrizitätswirtschaft 76 (4):77–81 (1977)

Bernhardt, J.: Biologische Wirkungen elektromagnetischer Felder. Z. Naturforschung 34c:616–627 (1979)

Bernhardt, J.: The direct influence of electromagnetic fields on nerve and muscle cells of man within the frequency range of 1 Hz to 30 MHz. Rad. and Environm. Biophys. 16: 309–323 (1979)

Bernhardt, J. H.: Gefährdung des Menschen durch Mikro- und Radiowellen. Biologisch-technische Grundlagen der Schutzbestimmungen. Arbeitsmedizin aktuell. Lieferung 7, 4.6 Fischer, Stuttgart 1981

Beyer, M., Brinkmann, K., Kühne, B., Schaefer, H.: Einfluß elektrischer Felder auf lebende Organismen. Elektrizitätswirtschaft 78 (19):708–711 (1979)

Blanchi, D., Cedrini, L., Ceria, F., Meda, E., Re, G. G.: Exposure of mammalians to strong 50-Hz electric fields. Effects on the population of different leucocyte types. Arch. Fisiol. 70: 30–32 (1973)

Blanchi, D., Cedrini, L., Ceria, F., Meda, E., Re, G. G.: Exposure of mammalians to strong 50 Hz electric fields 2. Effects on heart's and brain's electrical activity. Arch. Fisiol. 70:33–34 (1973)

Blohmke, M., Kleinschmidt, Th., Lenk, Ch., Stelzer, O.: Studien zur therapeutischen Problemstellung in Kuren. Rehabilitation 13:79–87 (1974)

Blohmke, M., Reimer, F.: Krankheit und Beruf. Hüthig, Heidelberg 1980

Bootz, A., Wittke, G., Bayer, A., Brinkmann, J.: Rearing of chicken from hatching to the end of the 1st laying-period in an electric field (30 kV/m, 50 Hz). Pflügers Arch. 377 (Suppl.):R 55 (1978)

Brezowski, H., Ranscht-Froemsdorff, W. R.: Herzinfarkt und Atmospherics. Z. angew. Bäder-Klimaheilk. 13 (1966)

Bridges, J. E.: Biological effects of high-voltage electric fields: Bibliography and survey on ongoing work, 1975. EPRI, Res. Roj. 381 – 1 Nov. 1975

Bridges, J. E., Preache, M.: Biological influences of power frequency electric fields – a tutorial review from a physical and experimental viewpoint. Proc. of IEEE 69 (9):1092–1119 (1981)

Brinkmann, J.: Die Langzeitwirkung hoher elektrischer Wechselfelder auf Lebewesen am Beispiel frei beweglicher Ratten. Diss. T. U. Hannover, Fak. Machinenwesen, 1976

Brinkmann, K., Brinkmann, J., Kühne, B., Schmidt, H. G., Schaefer, H.: Biologische Wirkung elektrischer 50-Hz-Felder. Arbeitskreis Energieforschung Berlin 1980

Brinkmann, K., Schaefer, H. (Hrsg.): Der Elektrounfall. Springer, Berlin Heidelberg New York 1982.

Bromm, B., Hensel, H., Nier, K.: Response of the ampullae of Lorenzini to static combined electric and thermal stimuli in Scyliorhinus canicula. Experientia 31:615 (1975)

Bromm, B., Hensel, H., Tagmat, A. T.: The electrosensitivity of the isolated ampulla of Lorenzini in the dogfish. J. comp. Physiol. 111:127 (1976)

Cabanes, J.: Effects of electric and magnetic fields on living organisms and in particular on man. General review of the literature. Revue gén. de l'électricité, Numéro spécial, juillet 1976

Cabanes, J.: Les champs électriques et magnétiques ont-ils un effect sur l'homme? Informations médicales. Electricité de France Paris Nr. 36 (1980)

Cabanes, J., Gary, C.: La perception directe du champ électrique. CIGRE Symp. 22–81 Stockholm Nr. 233–08 (1981)

CANTONE, A., KIENWALD, T., MARGONATO, V., VEICSTEINAS, A.: Effeti del gradiente elettrico ad elevata intensita a 50 Hz sulla funzionalita delle gonadi nel ratto maschio. Congr. ital. fisiol. Catanzaro 1975 (Oktober)

CARTER, J. H., GRAVES, H. B.: Effects of high intensity AC electric fields on the electroencephalogram and electrocardiogram of domestic chicks: Literature review and experimental results. Pennsylvania State University, University Park P.A. 1975

CERRETELLI, P., MALAGUTI, C.: Research carried out in Italy by ENEL on the effects of highvoltage electric fields. In: CABANES J. (ed.), Rev. gén. Electricité, Numéro spécial, juillet 1976

CERRETELLI, P., VEICSTEINAS, A., MARGONATO, V., CANTONE, A., VIOLA, D., MALAGUTI, C., PREVI, A.: 1.000 kV project: research on the biological effects of 50-Hz electric fields in Italy. In: PHILLIPS, R. D. et al. (eds.) 1979, 241 – 257

CHANDON, J. H.: Metabolic status and growth. In: PHILLIPS, R. D. (ed.), l. c. 1978, 97 – 106

CIGRE: Champs électriques et magnétiques engendrés par les réseaux de transport. Groupe de Travail 36.01 CIGRE Paris 1980

COATE, W. B. u. a.: Project sanguine biological effects test. Program pilot studies. Final rep. Hazelton Lab. Inc. (NTIS docum. AD 717408) 1970

COATE, W. B. u. a.: Project sanguine biological effects test program pilot studies. Final rep. Hazelton Lab. Nov. 1970 AD 71 74 08. U.S. Departm. 07 Commerce, NTIS Springfield (Va) 22151. Zit. nach BRIDGES, J. E.: Biological effects of high-voltage electric fields. Bibliography and survey on ongoing work, 1975 EPRI, Res. Proj. 381 – 4, 254

Committee on biosphere effects of ELF radiation: Biologic effects of electric and magnetic fields associated with project seafarer. Nat. Acad. Sci. Washington, D.C. 1977

CSIKOS, B.: Techniques developed for working in the vicinity of and in direct contact with high-voltage equipment. CIGRE Int. symp. on Large Voltage electr. Systems, 25. 8. – 2. 9. 1974 Paris Nr. 36 – 06

CURRY, M.: Bioklimatik. Die Steuerung des gesunden und kranken Organismus durch die Atmosphäre. American Bioclimatic Research Inst. Riederau 1946

CURTIS, D. R., JOHNSTON, G. A. R.: Aminoacid transmitters in the mammalian central nervous system. Ergebn. Physiol. 69:97 (1973)

DANIELEWSKI, G.: Geschäfte mit der Angst. Baubiologie zwischen Anspruch und Wirklichkeit. Beton-Verlag, Düsseldorf 1981

DENO, D. W.: Currents induced in the human body by HV transmission line electric field. Measurement and calculation of distribution and dose. IEEE Trans. Power Appar. Syst. 96 (5):1517 – 1527 (1977)

DENO, D. W.: Monitoring of personnel exposed to a 60-Hz electric field. In: R. D. PHILLIPS et al. (eds.), l. c., 1979, p. 93 – 108

DENO, D. W., ZAFFANELLA, L. E.: Electrostatic effects of overhead transmission lines and stations. Transmission line reference book 345 RV and above, Chapter 8, 248 – 280, IEEE Power Engineering Society 1974

DENSE, J., PIROTTE, P.: Calculation and measurement of electric field strength near H. V. structures. CIGRE Int. Cont. on Large High Voltage Electric Systems 25. 8. – 2. 9. 1976 Paris Nr. 36 – 03

DODGE, D. L., MARTIN, W. T.: Social Stress and Chronic Illness (Mortality patterns in industrial society). Univ. Notre Dame Press, Notre Dame, London 1970

DOWSE, H. B., PALMER, J. D.: Entrainment of circadian activity rhythms in mice by electrostatic fields. Nature 222:564 – 566 (1969)

DROPPO, J. G.: Ozone field studies adjacent to a high-voltage direct-current test line. In: PHILLIPS, R. D. u. a. (eds.) 1979, 501–529

DUMANSKIJ, Y. D., POPOVICH, V. M., PROKHAVATILO, Y. V.: Hygienic evaluation of the electromagnetic field created by high-voltage electric power transmission lines. Gig. Sanit. 11:19–23 (1976)

DUMANSKIJ, Y. D., POPOVICH, V. M., KOZYARIN, I. P.: The effect of a low frequency electromagnetic field (50 Hz) on the functional condition of the human organism. Gig. Sanit. 12:32–35 (1977)

DUMANSKIJ, Y. D., POPOVICH, V. M., PROKHAVATILO, Y. V.: Hygienic evaluation of electromagnetic field generated by high-voltage power lines. Gig. Sanit. 8:19–23 (1976)

DUNLAP, K.: Visual sensations from alternating magnetic field. Science 33:68–71 (1911)

DURFEE, W. K.: Influences of extremely low frequency electric and magnetic fields upon growth, development and behavior in domestic birds. Techn. Report, Phase I, Univ. of Rhode Island, Dep. animal Sci. Kingston, R.I. 1975

DYSHLOVOI, V. D., KACHURA, V. S.: The effect of electromagnetic fields of industrial frequency on the human organism and other biological objects. Kiev 1977. (Zit. nach H. MEHN, in R. D. PHILLIPS u. a., Biological effects of extremely low frequency electromagnetic fields. Techn. Informat. Center, U.S. Departm. of Energy, Springfield 1979)

ECCLES, J. C.: The physiology of nerve cells. Johns Hopkins Press, Baltimore 1957

ECKERT, E. E.: Plötzlicher und unerwarteter Tod im Kleinkindesalter und elektromagnetische Felder. Med. Klin. 71:1500–1505 (1976)

EGYPTIEN, H. H.: Einfluß elektrischer und elektromagnetischer Felder. Etz. B. 28:742 (1976)

von EIFF, A. W.: Seelische und körperliche Störungen durch Streß. Fischer, Stuttgart 1976

EISEMANN, B.: Untersuchungen über Langzeiteinwirkung kleiner Wechselströme (50 Hz) auf den Menschen. Diss. Freiburg 1975

EHUL, R.: Fixed charge in the cell membrane. J. Physiol. (Lond.) 189:351–365 (1967)

FILIPPOV, V.: Die Wechselfeld-Wirkung auf den Menschen und Schutzmaßnahmen. 2. Int. Kolloquium IVSS Köln 1972 Med. Bericht Berufsgenossenschaft der Feinmechanik. 70–80. Köln 1972

FISCHER, G., STRAMPFER, H., RIEDL, H.: Wirkung eines künstlichen Elektroklimas auf physiologische und pyschologische Meßgrößen. Z. exper. angew. Psychol. 24 (3):397–412 (1977)

FISCHER, G., UDERMANN, H., KNAPP, E.: Übt das netzfrequente Wechselfeld zentrale Wirkungen aus? Zbl. Bakt. Hyg. I. Abt. Orig. B. 166:381–385 (1978)

FISCHER, G., WAIBEL, R., RICHTER, Th.: Die Wirkung des netzfrequenten Wechselfeldes auf die Herzrate der Ratte. Zbl. Bakt. Hyg., I. Abt. Orig. B. 162:374–379 (1976)

FOLE, F. F.: Phänomen „PAT" in den elektrischen Unterwerken. 2. Int. Kolloquium IVSS Köln 1972. Kurzfassungen der Referate S. 17. Berufsgenossenschaft der Feinmechanik und Elektrotechnik, Köln 1972

FOLE, F. F., DUTRUS, E.: Nueva aportacion al estudio de los campos electromagneticos generados por muy altas tensiones. Med. Y. Seg. del Trab. 22(87):25–44 (1974)

FREE, M. J.: Endocrinology and male reproduction. In: R. D. PHILLIPS (ed.), Biological effects of high strength electric fields on small laboratory animals. Battelle for Electrical Energy Systems. Division Departm. of Energy Washington D.C. 1978, 115–125

FRIEND, A. W., FINCH, D. E., SCHWAN, H. P.: Low-frequency electric field induced changes in the shape and motility of amoebas. Science 187:357 (1975)

FRÖHLICH, H.: Zit. nach HAKEN, H. und WAGNER, M. (1973)

FULTON, J. P., COBB, S., PREBLE, L., LEONE, L., FORMAN, E.: Electrical wiring configurations and childhood leukemia. Amer. J. Epidemiol. 111:292–296 (1980)

GABOVICH, R. D., MIKHALIUK, I. A., KOZIARIN, I. P., SHUTENKO, O. I.: Metabolism and interorgan distribution of iron, copper, molybdenum, mangane and nickel during exposure of the body to electromagnetic fields of industrial and superhigh frequencies. Gig. Sanit. 1977 (7) 26

GAVALAS-MEDICI, R.: Effects of weak electric fields on behaviour and EEG of laboratory animals. Neurosciences research program bulletin 15 (1) (1977)

GAVALAS-MEDICI, R., DAY-MAGDALENO, S. R.: Extremely low frequency, weak electric fields affect schedule-controlled behaviour of monkeys. Nature 261:256 (1976)

GAVALAS, R. J., WALTER, D. O., HAMER, J., ADEY, W. R.: Effect of low-level, low-frequency electric fields on EEG and behaviour in Macaca nemestrina. Brain Res. 18:491–501 (1970)

GRANT, R.: Emotional hyperthermia in rabbits. Amer. J. Physiol. 160–285 (1950)

GRAVES, H. B.: Some biological effects of high intensity low frequency (60 Hz) electric fields on small birds and mammals. Presented at 1977 EMC Symp. Montreux (Schweiz)

GRAVES, H. B., LONG, P. D., POZNANIAK, D.: Biological effects of 60-Hz alternating current fields: a cheshire cat phenomenon? In: R. D. PHILLIPS et al. (eds.) 1979, 184–197

GREENBERG, B., KUNICH, J. C., BINDOKAS, V. P.: Effects of high-voltage transmission lines on honeybees. In: R. D. PHILLIPS et al. (eds.), l. c. 1979, 74–84

GREENEBAUM, B., GOODMAN, E. M., MARRON, M. T.: Effects of extremely low frequency fields on slime mold: studies of electric, magnetic, and combined fields, chromosome numbers, and other tests. In: R. D. PHILLIPS et al. (eds.), l. c. 1979, 117–131

GRISSELT, J. D.: Enhanced growth in pubescent male primates chronically exposed to extremely low frequency fields. In: R. D. PHILLIPDS et al. (eds.) 1979, 348–362

GROSS, E. T. B., HESSE, M. H.: Safety hazards beneath high-voltage lines. Int. Symp. Hochspannungstechnik T. U. München VDE 1972 S. 23–29

GROSS, R., van de LOO, J.: Leukämie. Springer, Berlin Heidelberg New York 1972

GRÜNNER, D.: Application of magnetic and electromagnetic fields in insomnia. Waking and Sleeping 1978(2):217–222

GÜNTHEROTH, H.: Unser Körper als Antenne. Die Risiken der „elektromagnetischen Umweltverschmutzung". Die Zeit Nr. 13, 21.03.1980, 78

GUNDERMANN, K.-O.: Untersuchungen zur Reduzierung des Luftkeimgehaltes in Räumen mit kontinuierlicher Keimfreisetzung. Zbl. Bakt. Hyg., I. Abt. Orig. B. 159:31–49 (1974)

HAKEN, H., WAGNER, M. (eds.): Cooperative Phenomena. Springer, Berlin Heidelberg New York 1973

HAMER, J. R.: Effects of low level, low frequency electric fields on human reaction time. Commun. Behav. Biol., Part A, 2, 217–222 (1968)

HAMER, J. R.: Effects of low level, low frequency electric fields on human time judgement. 5. Intern. Biometeorol. Congress, Montreux (Schweiz) 1969, Biometeorology 4. P. II Suppl. 13

HAMILTON, W. A., SALE, A. J. H.: Effects of high electric fields on microorganisms. Bioclim. Biophys. Acta 148:789–800 (1967)

HAMPTON, J. C.: Central nervous system. In: R. D. PHILLIPS (ed.) 1978, 137–140

HARRINGTON, D. B., MEYER jr., R., KLEIN, R. M.: Effects of small amounts of electric current at the cellular level. Ann. N.Y. Acad. Sci. 238:300 – 305 (1974)

HARTH, W.: Atmospherics oder Sferics – Die elektromagnetische Impulsstrahlung atmosphärischen Ursprungs. Inn. Med. 2:82 – 88 (1975)

HAUF, G.: Untersuchungen über die Wirkung energietechnischer Felder auf den Menschen. Diss. München 1974

HAUF, R.: Wirkung von 50-Hz-Wechselfeldern auf den Menschen. etz. – 6 26:(H.12) 318 – 320 (1974)

HAUF, R.: Biologische Wirkung energietechnischer Felder. In: R. HAUF (Hrsg.), Beiträge zur Ersten Hilfe etc. Forschungsstelle für elektrische Unfälle, Freiburg Heft 7, 1976, 69 – 75

HAUF, R.: Einfluß elektromagnetischer Felder auf den Menschen. etz. 28:181 – 184 (1976)

HAUF, R.: Umwelteinflüsse durch elektromagnetische Felder. etz. 101:1310 – 1312 (1980)

HAUF, R.: Zur Wirkung energietechnischer Felder auf den Menschen. Arbeitsmed. Sozialmed. Präventivmed. 16(3):71 – 74 (1981)

HAUF, R. (Hrsg.): Untersuchungen zur Wirkung energietechnischer Felder auf den Menschen. Beitr. zur Ersten Hilfe u. Behandlung von Unfällen durch elektrischen Strom. Sonderheft, H. 9 Forschungsstelle für Elektropathologie Freiburg 1981

HAUF, R., WIESINGER, J.: Biological effects of technical electric and electromagnetic VLF fields. Int. J. Biometeor. 17:213 – 215 (1973)

HILMER, H., TEMBROCK, G.: Untersuchungen zur lokomotorischen Aktivität weißer Ratten unter dem Einfluß von 50-Hz-Hochspannungs-Wechselfeldern. Biol. Zbl. 89:1 – 8 (1970)

HILTON, D. I.: Cardiovascular function. In: R. D. PHILLIPS (ed.) (1978) 127 – 136

HJERESEN, D. L.: Animal behaviour. In: R. D. PHILLIPS (ed.) (1978), 171 – 188

HOLT, G. L.: Evaluation of responses of electrical utility companies to electromagnetic radiation questionnaire. In: R. D. PHILLIPS et al. (eds.) 1979, 38 – 41

HUNGATE, F. P., FUJIHARA, M. P., STRANKMAN: Mutagenic effects of high-strength electric fields. In: R. D. PHILLIPS et al. (eds.) 1979, 530 – 538

JACOBI, E.: Pathophysiologie der Thrombocytenadhäsivität. Huber, Bern Stuttgart Wien 1979

JACZEWSKI, M., PILATOWICZ, A.: Transient touch current near EHV line. CIGRE Int. Cont. on Large High Voltage Electric Systems, Paris 25.08. – 02.09.1976 Nr. 36 – 02

JAFFE, L. F., ROBINSON, K. R., NUCCITELLI, R.: Local cation entry and self-electrophoresis as an intracellular localization mechanism. Ann. N.Y. Acad. Sci. 238:372 – 389 (1974)

JAFFE, P. A.: Neurophysiology. In: R. D. PHILLIPS (ed.) 1978, 141 – 155

JAFFE, R. A., PHILLIPS, R. D., KAUNE, W. T.: Effects of chronic exposure to a 60-Hz electric field on synaptic transmission and peripheral nerve function in the rat. In: R. D. PHILLIPS u. a. (eds.), l. c. 1979, 277

JOHANSSON, R., LUNDQUIST, A. G., LUNDQUIST, S., SCUDA, V.: Is there a connection between the electricity in the atmosphere and the function of man? Part III 50Hz variation FOA Report, C 2621-45, C 2627-H5, 1971 – 1973 Foreign operations administration, Sept. 1973

JOHNSON, J. G., POZNANIAK, D. T., MCKEE, G. W.: Prediction of damage severity on plants due to 60-Hz high-intensity electric fields. In: R. D. PHILLIPS et al. (eds.) 1979, 172 – 183

KALMIJU, A. J.: Electro-perception in shark and rays. Nature (Lond.) 212:1232 – 1233 (1966)

Kalmiju, A. J.: The detection of electric fields from inanimate and animate sources other than electroorgans. In: A. Fessard (ed.), Handbook of sensory physiol. III/3, 147 – 200. Springer, Berlin Heidelberg New York 1974

Kaczmarek, L. K., Adey, W. R.: Weak electric gradients change ionic and transmitter fluxes in cortex. Brain Res. 66:537 – 540 (1974)

Kieback, D.: Wirkung elektrischer und magnetischer Felder auf den Menschen. etz 102(26): 1399 – 1400 (1981)

Kirmaier, N., Schauerte, W., Beierlein, H. R., Breidenbach, H.: Probanden im Kraftfahrzeug-Praxistest (Einfluß luftelektrischer Impulsfelder). Münch. med. Wschr. 120:(11) 361 (1978)

Klein, D. R.: Reaction of reindeer to obstructions and disturbances. Science 173(3995):393 – 397 (1971)

Knave, B., Gamberale, F., Bergström, S., Birke, E., Iregren, A., Kolmodin-Hedman, B., Wennberg, A.: Long-term exposure to electric fields. A cross-sectional epidemiologic investigation of occupationally exposed workers in high voltage substations. Scand. J. Work Environm. and Health 5:115 – 125

Knickerbocker, G. G.: Study in the USSR of medical effects of electric fields on electric power systems. Special Publ. Nr. 10, Power Engineering Society, IEEE 78 CH 1020-7-PWR (1975)

Knickerbocker, G. G., Kouwenhoven, W. B., Barnes, H. C.: Exposure of mice to a strong AC electric field – an experimental study. IEEE Trans. Power App. Syst. 86:498 – 505 (1967)

König, H. L.: Unsichtbare Umwelt (Der Mensch im Spielfeld elektromagnetischer Kräfte) (Wetterfühligkeit, Feldkräfte, Wünschelruteneffekt). Moos, München 1975

König, H. L.: Äußerung in einer Sendung des 2. Deutschen Fernsehprogramms am 25.10.1976

König, H. L.: Unsichtbare Umwelt. 2. Auflage, Eigenverlag München 1977

König, H., Ankermüller, F.: Über den Einfluß besonders niederfrequenter elektrischer Vorgänge in der Atmosphäre auf den Menschen. Naturwiss. 47:486 – 490 (1960)

König, H. L., Krempl-Lamprecht, L.: Über die Einwirkung niederfrequenter elektrischer Felder auf das Wachstum pflanzlicher Organismen. Arch. Mikrobiol. 34:204 – 210 (1959)

König, H. L., Krueger, A. P., Lang, S., Soenning, W.: Biologic effects of environmental electromagnetism (Tropics in environmental physiology and medicine). Springer, New York Heidelberg Berlin 1981

Kolodub, F. A., Yevtushenko, G. I.: Biochemical effects of the biological effect of a low frequency pulsed electromagnetic field. Gig. Tr. Profess. Zabol. N6 (1972)

Kornberg, H. A.: Biological effects of electric fields. Revue gén. d'électricité, Numéro spécial. Recherches sur les effects biologiques des champs électrique et magnétique. Juli 1978, 51 – 64

Kornberg, H. A.: Concern overhead. EPRI Journal 1977 June/July, 6

Korobkova, V. P., Morozow, Yu. A., Stolarov, M. D., Yakob, Yu. A.: Influence of the electric field in 500 and 750 kV switchyards on maintenance staff and means for its protection. CIGRE-Bericht 1972 Nr. 23-06

Kouwenhoven, W. B., Miller, C. J., Barnes, H. C., Simpson, J. W., Rorden, H. L., Burgess, T. J.: Body currents in live line working. IEEE Nr. 4 April, 403 (1966)

Kouwenhoven, W. B., Langworthy, O. R., Singlewald, M. L., Knickerbocker, G. G.: Medical evaluation of man working in AC electric fields. IEEE Trans. PAS 86 Nr. 4, 506 – 511 (1967)

Koziarin, I. P., Rudichenko, V. F.: State of the processes of liver mitochrondrial oxidative phosphorylation under the action of an electric field. Gig. Sanit 1978 (11) 26 – 29

Krivova, T. I., Lebedev, S. A., Morozov, Y. A., Stolyavov, M. D., Filippov, V. I.: Standardisation of the intensity of an electric field of commercial frequency by painful initiation of electric discharges. Zit. nach J. E. Bridges: Biological effects of high-voltage electric fields. EPRI Res. Proj. 381-1 (IITRI Proj E 8151) Nov. 1975

Kröling, P.: Das Motilitäts-Tagesprofil von Labormäusen unter der Einwirkung elektrischer Felder, magnetischer Felder und Luftionen. II Koll. „Bioklimatische Wirkungen" München 16-18.9.1976

Krueger, W. F., Giarola, A. J., Bradley, J. W. et al.: Influence of low level electric and magnetic fields on the growth of young chicks. Biomed. Sci. Instrum. 9:183 – 186 (1972)

Kühne, B.: Einfluß elektrischer 50-Hz-Felder hoher Feldstärke auf den menschlichen Organismus. Inst. z. Erforschung elektrischer Unfälle, Berufsgenossenschaft der Feinmechanik und Elektrotechnik Köln, Med.-Techn. Bericht 1980

Kühne, B.: Methoden zur Untersuchung des Einflusses hoher elektrischer 50-Hz-Felder auf den menschlichen Organismus. Diss. Komm. Maschinenwesen, Univ. Hannover 1979

Kuhn, T. S.: Die Struktur wissenschaftlicher Revolutionen. Suhrkamp, Frankfurt 1967

Kuksinskii, V. E.: Coagulation properties of the blood and tissues of the cardiovascular system exposed to an electromagnetic field. Kardiologiia 18(3):107 – 111 (1978)

Lang, S.: Bioklima durch Elektroklimatisierung? DAB 1974(20):1381 – 1384

Lang, S.: Bioklimatische Wirkungen der elektrischen Umwelt am Arbeitsplatz. Deutsches Architektenblatt 1977, H. 3

Larkin, R. P., Sutherland, P. J.: Migrating birds respond to project seafarer's electromagnetic field. Science 195:777 – 778 (1977)

Le Bars, H.: Biological effects of an electric field on rats and rabbits. In: J. Cabanes (ed.) Revue générale de l'électricité, Numéro spécial, juillet 1976, 91

Le Bars, H., Andre, G., Cabanes, J.: Premiers résultats des études sur les effects biologiques des champs électriques. Abstracts XIX Int. Congr. Occup. Health Dubrovnik 1978, S. 305 – 306

Lee, W. R.: Little Shocks. The Practitioner 225 (1361):1679 – 1683 (1981)

Lee jr. J. M., Bracken, T. D., Rogers, L. E.: Electric and magnetic fields as considerations in environmental studies of transmission lines. In: R. D. Phillips et al., l. c. 1979, 55 – 73

Le Loc'h et Cabanes, J.: Influence de champs électriques sur l'animal. Colloqu. IVSS Marbella 1975

Le Loc'h, H., Sommer, M., Blanc, C., Bertin, M.: Etude des causes d'absentéisme et de la mortalité parmi le personnel d'Electricité et Gaz de France. Cahiers sociol. et demogr. med. 13:98 – 104 (1973)

Leupold, W.: Über den Einfluß äußerer elektrischer Felder auf die tierischen Zellen. Diss. Erlangen (1938) 1937

Llaurado, J. G., Sauces jr., A., Battocletti, J. H. (eds.): Biological and clinical effects of low frequency magnetic and electric fields. Thomas, Springfield (Ill.) 1974

Lövstrand, K. G.: Determination of exposure to electric fields in EHV substations. Scand. J. Work, Environm. Health 3:190–198 (1976)

Lövstrand, K. G., Lundquist, S., Bergström, S., Birke, E.: Exposure of personnel to electric fields in Swedish extra-high-voltage substations: Field strength and dose measurements. In: R. D. Phillips et al. (eds.), l. c. 1979, 85–92

de Lorge, J. O., Grissett, J. D.: Behavioural effects in monkeys exposed to extremely low frequency electromagnetic fields. Int. J. Biometeorol. 21(4):357–365 (1977)

Lott, J. R., Cain, H. B.: Some effects of continuously and pulsating electric fields on brain wave activity in rats. Int. J. Biometeorol. 17:221–225 (1973)

Machin, K. E., Lissmann, H. W.: The mode of operation of the electric receptors in Gymnarchus niloticus. Int. exper. Biol. 37:801–811 (1960)

Malboysson, E.: Medical control of men working within electromagnetic fields. Rev. gén. Électricité. Numéro spécial juillet 1976, 75–80

Malboysson, E., Bonell, A: Résultat des explorations réalisées parmi les travailleurs exposés à l'action des champs électromagnétiques. Abstracts XIX. Int. Congr. Occup. Health Dubrovnik 1978, S. 308

Mamonotov, S. G., Ivanova, L. N.: Effect of low-frequency electric field on cell division in mouse tissues. Bull Exp. Biol. a. Med. 71:192–193 (1971)

Marino, A. A., Becker, R. O.: Biological effects of extremely low-frequency electric and magnetic fields. A review. Physiol. Chem. a. Physics 9:131 (1977)

Marino, A. A., Becker, R. O.: High-voltage lines. Hazard at a distance. Environment 20(9):6–15 (1978)

Marino, A. A., Becker, R. O., Ullrich, B.: The effect of continuous exposure to low-frequency electric fields on three generations of mice: A pilot study. Experientia 32:565 (1976)

Marino, A. A., Berger, T. J., Austin, B. P., Becker, R. O., Hart F. X.: Evaluation of electrochemical information transfer system. I. Effects of electric fields on living organisms. J. electrochem. Soc. 123(8):1199–1200 (1976)

Marino, A. A., Berger, T. J., Austin, B. P., Becker, R. O., Hart, F. X.: In vivo bioelectrochemical changes associated with exposure to extremely low-frequency electric fields. Physiol. Chemistry a. Physics 9:433–441 (1977)

Marino, A. A., Berger, T. J., Mitchell, J. T., Duhacek, B. A., Becker, R. O.: Electric field effects in selected biologic systems. Ann. N.Y. Acad: Sci. 238:436–444 (1974)

Marino, A. A., Cullen, J. M., Reichmanis, M., Becker, R. O.: Power frequency electric fields and biological stress: A cause-and-effect relationship. In: R. D. Phillips et al. (eds), 1979, 258–276

Marino, A. A., Cullen, J. M., Reichmanis, R., Becker, R. O.: Sensitivity to change in electrical environment: A new biological effect. Am. J. Physiol. 239:R.424–R.427 (1980)

Marino, A. A., Reichmanis, R., Becker, R. O., Ullrich, B., Cullen, J. M.: Power frequency electric field induces biological changes in successive generations of mice. Experientia 36:309–310 (1980)

Maruvada, P. S., Hylten-Cavallius, N., Trinh, N. G., De Vizio, M.: Electrostatic field effects from high-voltage power lines and in substations. CIGRE 36-04 25.08.–02.09.1976

Mathewson, N. S., Oosta, G. M., Olivia, S. A., Levin, S. G., Diamond, S. S.: Influence of 45-Hz vertical electric fields on growth, food and water consumption, and blood constituents of rats. Radiat. Res. 79 (3):468 – 482 (1979)

McClanahan, B. J.: Bone growth and structure. In: R. D. Phillips (ed.), l. c., 1978, 107 – 114

McCleave, J. D., Albert, E. H., Richardson, N. E.: Perception and effects in locomotor activity in American eels and Atlantic salmon of extremely low-frequency electric and magnetic fields. University of Maine NTIS, AD 778021 (1974)

Meda, E., Carrescia, V., Cappa, S.: Experimental results from exposure of animals to A. C. electric field. IVSS Bulletin 1974, H.3, 19

Mehn, W. H.: The human considerations in bioeffects of electric fields. In: R. D. Phillips et al. (eds.), l. c. 1979, 21 – 37

Michaelson, S. M.: Human responses to power-frequency exposures. In: R. D. Phillips et al. (eds.), l. c., 1979, 1 – 20

Mihaileanu, C., Munteanu, C., Dancila, M., Pop, E., Stoica, V., Crisan, S.: Electrical field measurement in the vicinity of HV equipment and assessment of its bio-physiological perturbing effects. CIGRE Int. Conf. on Large High Voltage electr. Systems 25.08. – 02.09.1976 Paris Nr. 36-08

Milham, S.: Mortality from leukemia in workers exposed to electrical and magnetic fields. New Engl. J. Med. 307 (4):249 (1982)

Miller, M. W.: Re "Electrical wiring configurations and childhood cancer". Amer. J. Epidemiol. 112:165 – 166 (1980)

Miller, M. W., Carstensen, E. L., Kaufman, G. E., Robertson, D.: 60-Hz electric field parameters associated with the perturbation of a eucariotic system. In: R. D. Phillips et al. (eds.), l. c., 1979, 109 – 116

Miller, M. W., Kaufman, G. E.: High-voltage overhead. A health hazard? Environment 20 (1):6 – 36 (1980)

Möse, J. R., Fischer, G.: Einfluß des netzfrequenten Wechselfeldes auf die Herzrate der Ratte. Zbl. Bakt. Hyg., I. Abt. Ref. 252:82 – 84 (1977)

Moos, W. S.: A preliminary report on the effects of electric fields on mice. Aerospace Med. 1964:April 374 – 377

Morris, J. E., Ragan, H. A.: Immunology. In: R. D. Phillips (ed.) 1978, 75 – 88

Morris, J. E., Ragan, H. A.: Immunological studies with 60-Hz electric fields. In: R. D. Phillips et al. (eds.) 1979, 326 – 334

Murr, L. E.: Plant growth response in a simulated electric field-environment. Nature 200:490 – 491 (1963)

Murr, L. E.: Biophysics of plant growth in an electricstatic field. Nature 206:467 – 470 (1965)

Murr, L. E.: Plant growth response in an electrokinetic field. Nature 207:1177 – 1178 (1965)

Murray, R. W.: Electroreceptor mechanisms: The relation of impulse frequency to stimulus strength and responses to pulsed stimuli in the ampullae of Lorenzini of elasmobranchs. J. Physiol. (Lond.) 180:592 (1965)

Naeyl, R. L.: Ursachen des plötzlichen Kindestodes. Spektrum der Wissenschaft 1980 (6):111 – 116

Nier, K., Hensel, H., Bromm, B.: Differential Thermosensitivity and electric prepolarization of the ampullae of Lorenzini. Pflügers Arch. 363:181 (1976)

Nordström, B.: Exposition to electric fields. Vattenfall Swedish State Power Board. 26.05.1978 Zit. nach Informations Médicales, Electricité de France Nr. 35:86 (1979)

Nordström, S., Birke, E.: Study on possible genetic risks among workers at Swedish state power board. – South-swedish power company, exposed to 400 kV. Summary of preliminary results. Translation from Swedish Press release 26.10.1979

Noval, J. J. u. a.: Extremely low frequency electric field induced changes in rate of growth and brain and liver enzymes of rats Naval Air Development Center. Final Rep. (1976) (Zit. nach EPRI EA-1123 Vol. 1. July 1979, S. 6 – 13 und 4 – 32)

Paul, R.: Ist Elektro-Strom der Mörder? Welt am Sonntag, 12. Sept. 1976

Perry, F. S., Reichmanis, M., Marino, A. A., Becker, R. O.: Environmental power-frequency magnetic fields and suicide. Health Physics 41:267 – 277 (1981)

Persinger, M. A.: ELF and VLF electromagnetic field effects. Plenum Press, New York London 1974

Persinger, M. A., Ossenkopp, K. P.: Psychophysiological effects of extremely low frequency electromagnetic fields. A review. Perceptual and motor skills 36:1131 – 1159 (1973)

Phillips, R. D.: Effects of electric fields on large animals. Interim Progr. Rep. Project RP 799-1 EPRI Palo Alto 1976

Phillips, R. D. (ed.): Biological effects of high strength electric fields on small laboratory animals. Batelle. Electrical Energy Systems Division. Departm. of Energy Washington, March 1978

Phillips, R. D.: Health aspects of power transmission. Symp. Energy and Human Health: Human costs of electric power generation. Pittsburgh (PA) 14 – 21 III. 1979

Phillips, R. D., Gillis, M. F., Kaune, W. T., Mahlum, D. D. (eds.): Biological effects of extremely low-frequency electromagnetic fields. Techn. Information Center, U.S. Department of Energy, Nat. Techn. Information Service, U.S. Dept. of Commerce, CONF-781016, Springfield, Va. 1979

Phillips, R. D., Kaune, W. T.: Biological effects of static and low-frequency electromagnetic fields: An overview of United States Literature. Batelle, Richland (Washington) April 1977

Photiades, D. P., Ayivorh, S. C.: Long term charging up of humans in an electrostatic field. Proc. 8th int. Conf. on med. and biol. eng. (ICMBE) 20 – 25 July 1969 Session, 24 – 12

Piper, J.: Über den Glauben. Kösel, München 1962

Plügge, H.: Wohlbefinden und Mißbefinden. Niemeyer, Tübingen 1962

Ponte, L.: „Elektrischer Smog“, Gefahr für unsere Gesundheit. Das Beste (Readers Digest) 1980 (3)

Popper, K. R.: Objektive Erkenntnis. Ein evolutionärer Entwurf. Hoffmann und Campe, Hamburg 1973

Prokop, O.: Medizinischer Okkultismus, Paramedizin. Fischer, Stuttgart New York 1977

Prokop, O., Wimmer, W.: Wünschelrute, Erdstrahlen, Radiästhesie. Enke, Stuttgart 1977

Ragan, H. A., Piper, M. J., Kaune, W. T., Phillips, R. D.: Clinical pathologic evaluations in rats and mice chronically exposed to 60-Hz electric fields. In: Phillips et al. (eds.) 1979, 297 – 325

Reichmanis, M., Perry, F. S., Marino, A. A., Becker, R. O.: Relation between suicide and the electromagnetic field of overhead power lines. Physiol. Chemistry and Physics 11:395 – 403 (1979)

Reiter, R.: Welche atmosphärisch-elektrischen Elemente können auf den Organismus einwirken? Z. Bäder- u. Klimaheilk. 10:161 – 193 (1963)

Reiter R.: Felder, Ströme und Aerosole in der unteren Troposphäre. (Nach Untersuchungen in Hochgebirgen bis 3000 m NN). Steinkopff, Darmstadt 1964

Reiter, R. (ed.): Symposium on biological effects of natural electric, magnetic and electromagnetic fields. Int. J. Biometeorol. 17 (3):205 – 241 (1973)

Rich, W. R., Morgan, M. G.: Regulating possible health effects from AC transmission line electromagnetic fields. Proc. IEEE 67 (10):1416 – 1427 (1979)

Roberge, P.-F.: Étude de l'état de santé des électriciens d'entretien préposés à l'entretien des postes 735 kV – de l'Hydro Quebec. Hydro Quebec, mai 1976

Rogers, L. E., Gilbert, R. O., Lee jr. J. M., Bracken, T. D.: BPA 1100 kV transmission system development. Environmental studies. IEEE Transact. on power apparatus and Systems. PAS – 98 (6):1958 – 1967 (1979)

de Rudder, B.: Wetter und Jahreszeit als Krankheitsfaktoren. Grundriß einer Meteoropathologie des Menschen. Springer, Berlin 1931

Rupilius, J. P.: Untersuchungen über die Wirkung eines elektrischen und magnetischen 50-Hz-Wechselfeldes auf den Menschen. Diss. (med.) Freiburg 1976

Sander, R.: Laboruntersuchungen zur Erfassung biologischer Wirkungen magnetischer 50-Hz-Felder. Diss. Braunschweig 1982

Sazonova, T. E.: Les effets physiologiques du travail à proximité d'installations électriques extérieures de 400 et 500 kV. Nauchnye raboty institutov obrany truda VCSPS, Moscou, no 46, 34 – 39 (1967)

Sazonova, T. E.: The effect of the electric field of industrial frequency on the formation of motor dominant. Gigiena truda i prof. zabol. UdSSR 15 (2):17 – 21 (1971)

Sazonova, T. E., Morozov, Y. A.: Physiological hygienic assessment of the working conditions at the outdoor switchyards 220 and 330 kV. Scientific works of the Institute of Labor Protection under the All-Union Central Council of Trade-Unions, profisdat, issue 59 (1969)

Schaefer, H.: Elektrobiologie des Stoffwechsels. In: F. Büchner, E. Letterer, F. Roulet (Hrsg.), Handbuch d. allgemeinen Pathologie Bd. IV/2, S. 669 – 767. Springer, Berlin Göttingen Heidelberg 1957

Schaefer, H.: Die physiologischen Grundlagen des Wollens und Handelns. In: A. Mergen (Hrsg.), Kriminologische Schriftenreihe, 54. Tagungsber. Kriminalistik-Verlag, Hamburg 1971

Schaefer, H.: Allgemeine Modellfindung. In: M. Blohmke, C. v. Ferber, K. P. Kisker, H. Schaefer (Hrsg.), Handbuch der Sozialmedizin, Bd. I, 363 – 379. Enke, Stuttgart 1975

Schaefer, H.: Der Krankheitsbegriff. In: M. Blohmke, C. v. Ferber, K. P. Kisker, H. Schaefer (Hrsg.), Handbuch der Sozialmedizin, Bd. III, 15 – 30. Enke, Stuttgart 1976

Schaefer, H.: Plädoyer für eine neue Medizin. Piper, München 1979

Schaefer, H.: Die Wirkungen elektrischer technischer Wechselfelder hoher Feldstärke auf den Menschen. 6. Internat. Kolloquium über die Verhütung von Arbeitsunfällen und Berufskrankheiten durch Elektrizität. IVSS Wien Schlußbericht, S. 11 – 34 (1980)

Schaefer, H.: Die Wirkung elektrischer Felder, vom Standpunkt der Berufsgenossenschaft. In: H. G. Schmidt u. a. (Hrsg.), Biologische Wirkung elektrischer 50-Hz-Felder. Arbeitskreis Energieforschung Berlin 1980

Schaefer, H.: Medizinische Ethik. vfm Fischer, Heidelberg 1983

SCHAEFER, H., BLOHMKE, M.: Herzkrank durch psychosozialen Stress. Hüthig, Heidelberg 1977

SCHAEFER, H., SILNY, J.: Plötzlicher und unerwarteter Tod im Kleinkindesalter und elektromagnetische Felder (Stellungnahme zu Eckert). Med. Klin. 72:871 – 874 (1977)

SCHAEFER, H., SILNY, J.: Der Einfluß technischer elektrischer Wechselfelder hoher Feldstärke auf den Organismus. Int. Arch. Occup. Environm. Health 39:83 – 96 (1977)

SCHÄR, M.: Epidemiologische Methoden. In: M. BLOHMKE, C. v. FERBER, K. P., KISKER, H. SCHAEFER (Hrsg.), Handbuch der Sozialmedizin Bd. II, 438 – 446. Enke, Stuttgart 1975

SCHANNE, O. F., RUIZ, E., CERETTI, P.: Impedance measurements in biological cells. Wiley, New York Chichester Brisbane Toronto 1978

SCHIFFMAN, P. u. a.: Ventilatory control in parents of victims of sudden-infant-death syndrome. New Engl. J. Med. 302 (9):486 – 491 (1980)

SCHIRREN, C.: Beeinträchtigen elektrische Felder die Sexualfunktion? Münch. med. Wschr. 120 (47):1552 (1978)

SCHMIDT, H. G.: Die Wirkung elektrischer Energie auf den Menschen. Z. Arbeitswiss. 21 (3 NF): 160 – 165 (1977)

SCHMITT, F. O., SAMSON, F. E. (eds.): Brain cell microenvironment. Mass. Inst. Technol. Neurosci. Res. Progr. Bull. 7:277 – 417 (1969)

SCHNEIDER, K. H., STUDINGER, H., WECK, K. H., STEINBIGLER, H., UTMISCHI, D., WIESINGER, J.: Displacement currents to the human body caused by the dielectric field under overhead lines. CICGRE Session 21 – 29 August 1974. Rep. 0-36 04 (1974)

SCHUA, L.: Die Wirkung von luftelektrischen Feldern auf Tiere. Zool. Anzeiger 18:435 – 440 (1954)

SCHULZ, H.: Über allgemeine und persönlichkeitsspezifische Wirkungen stationärer elektrischer Felder auf Leistung und Empfindlichkeit. Diss. Math.-naturwiss. Fak. Düsseldorf 1970

SCOTT-WALTON, B., CLARK, K., HOLT, B., JONES, D. C., KAPLAN, S., KREBS, J., POLSON, P., SHEPHERD, R., YOUNG, J.: Environmental effects of 765 kV transmission lines. In: R. D. PHILLIPS et al. (eds.), l. c., 1979, 42 – 54

SEIDEL, D., KNOLL, M., EICHMEIER, J.: Anregung von subjektiven Lichterscheinungen (Phosphenen) beim Menschen durch magnetische Sinusfelder. Pflügers Arch. 299:11 – 18 (1968)

SELYE, H.: Stress. Acta med. Publ. Montreal (1950)

SEMM, P., SCHNEIDER, T., VOLLRATH, L.: Effects of an Earth-strength magnetic field on electrical activity of pineal cells. Nature 288:607 (1980)

SHEPPARD, A. R., EISENBUD, M.: Biological effects of electric and magnetic fields of extremely low-frequency. New York Univ. Press., New York 1977

SIKOV, M. R., MONTGOMERY, L. D., SMITH, L. G.: Developmental toxicology studies with 60-Hz electric fields. In: R. D. PHILLIPS et al. (eds.) 1979, 335 – 347

SILNY, J.: Biologische Auswirkungen intensiver niederfrequenter elektrischer und magnetischer Felder. Zwischenbericht. Berufsgenossenschaft der Feinmechanik und Elektrotechnik, Kolloquium IVSS, Paris 1974

SILNY, J.: Zur technischen Problematik der Untersuchung des Einflusses elektrischer 50-Hz-Felder auf den Organismus. Diss. Elektrotechn. Fak. T. H. Aachen 1976

SILNY, J.: Wirkung elektrischer Felder auf den Organismus. Med.-Techn. Bericht, Institut z. Erforschung elektr. Unfälle, Berufsgenossenschaft der Feinmechanik u. Elektrotechnik, Köln 1979

SINGLEWALD, M. L., LANGWORTHY, O. R., KOUWENHOVEN, W. B.: Medical follow-up study of high-voltage lineman working in AC electric fields. IEEE Transact. Power Apparatus and Systems. PAS – 92 (4):1307 – 1309 (1973)

SPIEGEL, R. J.: Electromagnetic fields in the near vicinity of transmission line towers. IEEE Transact. on Power Apparatus and Systems. PAS-95 (6):1863 – 1871 (1976)

SPITTKA, V., TAEGE, M., TEMBROCK, G.: Experimentelle Untersuchungen zum operanten Trinkverhalten von Ratten in 50-Hz-Hochspannungs-Wechselfeldern. Biol. Zbl. 88:273 (1969)

STOPPS, G. J., JANISCHEWSKI, W.: An epidemiologic study of personnel working on alternating current transmission lines. Canadian Electrical Association, Vancouver, Brit. Columbia, March 1979. Zit. nach Informat. Méd. Electricité de France, Nr. 35 (1979)

STRAMPFER, H., KNAPP, E., FISCHER, G.: Das Gesamtblutbild der Maus im 50-Hz-Feld bei unterschiedlichen Exponierungszeiten. Zbl. Bakt. Hyg., I. Abt. Orig. B. 169:374 – 380 (1979)

STRUMZA, M. V.: Exposition prolongée du rat à un puissant champ électrique. Section Hygiène Industrielle du Conseil Supérieur d'Hygiène Publique, Séance du 22 juin (1971)

STRUMZA, M. V.: Influence sur la santé humaine de la proximité des conducteurs de l'électricité à haute tension. Arch. Med. Prof. 31:269 – 276 (1970)

SUNDERMANN, H.: Über die Möglichkeit eines Biotropismus luftelektrischer Erscheinungen. Arch. Meteorol. Geophys. Bioklimatol. Ser. B. 5:258 – 282 (1954)

TAKAGI, T., MUTO, T.: Influences upon human bodies and animals of electrostatic induction caused by 500 kV transmission lines. EPRI Res. Proj. 381-1 (IITRI Proj. E 8151) Nov. 1975

TRIVOVA, T. I., LUKOVKIN, V. V., MOROZOV, J. A., SAZONOVA, T. E., ASANOVA, T. P., REVNOVA, N. V.: Der Einfluß des durch Elektrogeräte mit Hochspannungswechselstrom hervorgerufenen elektrischen Feldes auf den menschlichen Körper. Naucnye rabot. inst. ohrany truda VSCPS Moskau 1977 Nr. 108, 33 – 39

ULRICH, L., FERRIN, J.: The effect of working in high-power transmitting stations upon certain functions of the organism (tschech.). Pracovni Lekarstoi (Prag) 11500 (1959)

UTIDJIAN, H. M. D.: Feasibility of an epidemiological study of workers occupationally exposed to high-voltage electric fields in the electric power industry. EPRI EA 1020 March 1979

UTMISCHI, D.: Das elektrische Feld unter Hochspannungsfreileitungen. Diss. T. U. München 1976

VARGA, A.: Der Einfluß elektrischer und magnetischer Felder auf den Organismus. Kolloquium IVSS Marbella (1975)

VEICSTEINAS, A., VIOLA, D., GUSSONI, M., ROMAGNA, F., CERRETELLI, P.: Effetto dell'esposizione ad un elevato gradiente elettrico a 50-Hz su alcuni parametri cardiocircolatori. Congr. ital fisiologia Catanzaro 1975 (Oktober)

WACHTEL, H.: Firing pattern changes and transmembrane currents produced by extremely low-frequency fields in pacemaker neurons. In.: R. D. PHILLIPS et al. (eds.) 1979, 132 – 146

WAIBEL, R.: Die biologische Wirkung elektromagnetischer Felder. Sichere Arbeit 1974 (3):23 – 26

WAIBEL, R.: Der Einfluß niederfrequenter elektrischer Felder auf Lebewesen. Diss. techn. Wissensch. T. H. Graz, Febr. 1975

Waibel, R., Schuy, S.: Der Einfluß elektrischer Felder auf Organismen. Arch. f. Elektrotechnik 60:267 – 275 (1978)

Warnke, U.: Effects of electric charges on honeybees. Bee World 57:50 (1976)

Warnke, U.: Die elektrostatische Aufladung und Polarisierbarkeit von Insektenintegumenten. Verh. Dtsch. Zool. Ges. 1977, 332. Fischer, Stuttgart 1977

Warnke, U.: Information Transmission by means of electrical biofields. In: A. Popp, G. Becker, H. L. König, W. Peschka (eds.), Electromagnetic bio-information. Urban und Schwarzenberg, München Wien Baltimore 1979

Warnke, U.: Äußerungen im Anhörverfahren des Ausschusses für Landesentwicklung und Umweltfragen des Bayerischen Landtages über negative Auswirkungen um Freileitungen. (Vorsitz: A. Glück, Wortprotokoll ohne Datum)

Waskaas, M.: Biological effects of electric and magnetic fields. Summary of a literature study. State Institute of Radiation Hygiene Østerås (Norwegen) 1981

Waskaas, M.: Biologiske Virkninger av elektriske og magnetiske felt frå Kraftledninger. State Institute of Radiation Hygiene Østerås (Norwegen) 1981

Wehner, A. P., Roberts, W. W.: Effect of electrostatic charging and electrostatic fields on survival times of X-irradiated mice. In: Ann. Rep. 1968 Vol. I Life Sci. (R. C. Thompson, M. S. Stack, E. G. Swazea eds.) Battelle Mem. Inst. Pacific Northwest Lab. Richmond Washington 99352, 1970 Nr. 1.19

Wehner, A. P., Roberts, W. W.: Effect of electrostatic charging and electrostatic fields on the hemogram of the mouse. In: Ann. Rep. 1968 Vol. I. Life Sci. (R. C. Thompson, M. S. Stack, E. G. Swezea eds.) Battelle Mem. Inst. Pacific Northwest Lab. Richland Washington 99352, 1970 Nr. 1.21

Wertheimer, N., Leeper, E.: Electrical wiring configurations and childhood cancer. Amer. J. Epidemiol. 109:273 – 284 (1979)

Wertheimer, N., Leeper, E.: The authors reply. Amer. J. Epidemiol. 112:167 (1980)

Wever, R.: Gesetzmäßigkeiten der circadianen Periodik des Menschen, geprüft an der Wirkung eines schwachen elektrischen Wechselfeldes. Pflügers Arch. 302:97 – 122 (1968)

Wever, R.: Einfluß schwacher elektro-magnetischer Felder auf die circadiane Periodik des Menschen. Naturwiss. 55:29 – 32 (1968)

WHO: Serie der techn. Berichte Nr. 563. Richtlinien für die Beurteilung von beim Menschen anwendbaren Arzneimitteln. Med.-Pharmazeut. Studiengesellschaft Frankfurt/M. 1976

WHO: Health effects of exposure to electric and magnetic fields at power frequencies, and regulation and enforcement procedures. WHO Reg. Office Europe ICP/RCE 801 (4) 23.III.1979

Wiesinger, J., Utmischi, D.: Reaktionszeittests unter Hochspannungsfeldern. Bull. ASE/UCS 66 (14):746 – 750 (1975)

Wirth, W., Gloxhuber, Ch.: Toxikologie. Thieme, Stuttgart New York 1981

Wolstenholme, G. (ed.): Man and his future. Ciba Foundation, Churchill, London 1963

Young, L. B.: Power over People. Oxford Univ. Press, London 1973

Young, L. B., Peyton Young, H.: Pollution by electrical transmission. Bull. of Atomic Scientists, December, 34 – 38 (1974)

Zahner, R.: Zur Wirkung des elektrischen Feldes auf das Verhalten des Goldhamsters. Z. vgl. Physiol. 49:172 (1964)

Zoeger, J., Dunn, J. R., Fuller, M.: Magnetic material in the head of the common pacific Dolphin. Science 213:892 – 894 (1981)
Zwicker, G. M.: Pathology. In: R. D. Phillips (ed.), l. c., 1978, 89 – 96

Sitzungsberichte der Heidelberger Akademie der Wissenschaften Mathematisch-naturwissenschaftliche Klasse

Erschienene Jahrgänge

Inhalt des Jahrgangs 1974:

1. H. Seifert. Minimalflächen von vorgegebener topologischer Gestalt. DM 12,-.
2. A. Dinghas. Zur Differentialgeometrie der klassischen Fundamentalbereiche. DM 20,80.
3. Th. Nemetschek. Biosynthese und Alterung von Kollagen. DM 19,50.
4. W. Doerr, W.-W. Höpker und J. A. Rossner. Neues und Kritisches vom und zum Herzinfarkt. (vergriffen).
   W. W. Höpker. Spätfolgen extremer Lebensverhältnisse. Supplement zum Jahrgang 1974. (vergriffen).

Inhalt des Jahrgangs 1975:

1. M. Ratzenhofer. Molekularpathologie. DM 32,-.
2. E. Kauker. Vorkommen und Verbreitung der Tollwut in Europa von 1966–1974. DM 19,-.
3. H. E. Bock. Die Bedeutung von Konstellation und Kondition für ärztliches Handeln. DM 16,-.
4. G. Schettler. Neue Ergebnisse der klinischen Fettstoffwechselforschung. (vergriffen).
   V. Becker und H. Schmidt. Die Entdeckungsgeschichte der Trichinen und der Trichinosis. Supplement zum Jahrgang 1975. DM 28,-.

Inhalt des Jahrgangs 1976:

1. W. Bersch und W. Doerr. Reitende Gefäße des Herzens. Homologiebegriff und Reihenbildung. DM 38,-.
2. H. Schipperges. Arabische Medizin im lateinischen Mittelalter. DM 68,-.
3. M. Steinhausen and G. A. Tanner. Microcirculation and Tubular Urine Flow in the Mammalian Kidney Cortex (in vivo Microscopy). (vergriffen).
4. C. J. Hackett. Diagnostic Criteria of Syphilis, Yaws and Treponarid (Treponematoses) and of Some Other Diseases in Dry Bones (for Use in Osteo-Archaeology). (vergriffen).
5. W. Doerr, J. A. Roßner, R. Dittgen, P. Rieger, H. Derks und G. Berg. Cardiomyopathie, idiopathische und erworbene, Formen und Ursachen. DM 50,-.
   H. Hamperl. Robert Rössle in seinem letzten Lebensjahrzehnt (1946–1956). Supplement 1. DM 32,-.
   W.-W. Höpker. Obduktionsgut des Pathologischen Institutes der Universität Heidelberg 1841–1972. Supplement 2. DM 58,-.

Inhalt des Jahrgangs 1977:

1. H. Schaefer. Kind - Familie - Gesellschaft. DM 28,80.
2. F. Gross. Homo Pharmaceuticus. (vergriffen).
3. G. Döhnert. Über lymphoepitheliale Geschwülste. (vergriffen).
4. W. Doerr und J. A. Roßner. Toxische Arzneiwirkungen am Herzmuskel. (vergriffen).
5. H. Riedl und T. Nemetschek. Molekularstruktur und mechanisches Verhalten von Kollagen. DM 28,-.
   W.-W. Höpker. Das Problem der Diagnose und ihre operationale Darstellung in der Medizin. Supplement 1. (vergriffen)
   H. A. Gathmann und R. D. Meyer. Der Kleeblattschädel. Ein Beitrag zur Morphogenese. Supplement 2. DM 48,-.

Inhalt des Jahrgangs 1978:

1. H. W. Doerr. Beiträge zur Epidemiologie von Infektionskrankheiten am Modell der humanen Herpesviren. DM 59,80.
2. H. J. Jusatz (Hrsg.). Beiträge zur Geoökologie der Zentraleuropäischen Zecken-Encephalitis. DM 34,-.
3. H. Neunhöffer. Über Kronecker-Produkte irreduzibler Darstellungen von *SL* (2, IR). DM 49,80.
4. H. Meineke. Mathematische Theorie der relativen Koordination und der Gangarten von Wirbeltieren. DM 49,80.
5. F. Linder. Der Stand der chirurgischen Therapie in der modernen Krebsbehandlung. DM 22,-.
6. H. Schildknecht. Über die Chemie der Sinnpflanze *Mimosa pudica L.* DM 48,-.